中公新書 2760

JN020663

保坂三四郎著

諜報国家ロシア

ソ連KGBからプーチンのFSB体制まで

中央公論新社刊

まえがき

二〇二二年二月二四日、ロシアはウクライナへの全面侵攻を開始した。ロシア軍による民間人の虐殺や拷問、アパートや病院、さらには原子力発電所を狙った攻撃は、国際社会に大きな衝撃を与えた。この侵攻は、折しも一九九一年一二月のソビエト連邦崩壊と新生ロシアとしての出発から、ほぼ三〇年というタイミングだった。

七〇年以上続いたソ連の共産主義体制が終焉したことで、日本や欧米の識者は、ロシアが民主的機構や市場経済を共有する「普通の国」に生まれ変わるかのような幻想を抱いた。政治家や財界人の中には、今回の侵攻の直前までロシアと「同じ未来」を思い描いた者もいた。世間の受け止め方もロシアに好意的で、日本ではここ数年、ウラジーミル・プーチン大統領のカレンダーが、著名人のカレンダーの中で、売上トップを記録していたのである。そして迎えた二月二四日であった。

しかし、ロシアは三〇年を境にしてこのような国家に変貌したわけでも、二二年前に大統領となったプーチンが急に「悪魔」に変身したわけでもない。振り返れば、一九九〇年代に始まった二度のチェチェン戦争、二〇〇八年のジョージア侵攻、二〇一四年のクリミア併合及びウクライナ東部侵攻、二〇一五年のシリア内戦介入など、ロシアはいくつもの戦争を引き起こしてきた。また、反体制派の暗殺や拉致、民主主義国へのサイバー攻撃や選挙介入などの主権侵害を繰り返した。ロシアの脅威は幾度となく顕在化していたのである。

ロシアに対する西側の幻想は、一体どこから来たのだろうか。ソ連が鉄のカーテンで閉ざされていた冷戦が終わると、新聞やニュースの検閲は廃止され、ロシアへの旅行や留学も制限なくできるようになった。研究者は、ロシア語の膨大な公開情報にアクセスし、ロシアの政治家や学者、ジャーナリストとも活発に意見交換ができる。しかし、このような自由な交流や情報量の増加は、必ずしもロシアという国家や国民の本質的理解にはつながらなかった。それどころか、ソ連崩壊後もモスクワが発信し続けた偽情報に接触する機会を増やすこととなった。

偽情報など現代ロシアに特有のさまざまな欺瞞や操作の手法は、プーチンの出身組織であるソ連の「国家保安委員会（KGB）」が長年にわたり研究・開発してきたものだ。KGBの教本には外国人への接触や感化の方法が詳しく解説されている。例えば、モスクワを訪問する外国の学者や研究生を協力者としてリクルートするため、KGBは彼らにあえて非公開の研究資料やソ連の識者へのアクセスを提供した。ソ連で国際会議を開催する前には、外国人出席者が母国の政府要人とどれだけ深い関係にあるかを調べ、誰にどのような内容の（偽）情報を伝えれば、効果的に首脳に届くのか詳しく検討された。これは、今もロシア政府が主催する国際会議「ヴァルダイ討論クラブ」で使われている手法だ。また、経済自由化で増加した外国の貿易関係者は、合弁会社の支援や現地職員の紹介などを通じて懐柔した。情報機関にとって外国ビジネスは、今も昔も変わらず最も狙いやすい標的だ。

これらが書かれたKGBの教本は、ソ連崩壊後も、ロシアの課報員養成に使われ続けているため今も極秘扱いになっている。しかし、ソ連から独立したウクライナは、二〇一四年の民主化革命「ユーロマイダン」の後に、KGBが同国に残したアーカイブを公開した。本書は、まさにそれら資料に依拠して書かれている。

ソ連の崩壊後、東欧やバルト諸国では、共産主義時代の秘密警察を廃止した。しかしロシアでは、ソ連共産党こそ解散したものの、屋台骨として党を支えてきたKGBは体制転換を生き延びた。

一九九一年八月、反ゴルバチョフ・クーデターが失敗し、首謀者でKGB議長のウラジーミル・クリュチコフが逮捕された。普通ならば、クーデターで中心的役割を果たしたKGBが廃止されてもおかしくなかったはずである。しかしKGBは、今のロシア連邦保安庁（FSB）、ロシア対外課報庁（SVR）、ロシア連邦警護庁（FSO）等につながる複数の組織に分割されただけで、廃止には至らなかった。初代ロシア大統領のエリツィンは、後継組織を自らの権力闘争に利用し、KGBを実質的にソ連時代と同じ機能、権限、人員、思想で維持した。その後を継いだプーチンは、FSBの下に多くの組織を再統合し、強化したのである。KGBの始祖はソ連の秘密警察「チェーカー（Cheka；反革命・サボタージュ取締全ロシア非常委員会）」だが、FSBでは、今でも誇りをもって職員を「チェキスト（チェーカー要員）」と呼ぶ。

もっとも、ロシアの世論も情報機関の暗躍に沈黙していたわけではなかった。ガリーナ・スタロヴォイトワ、ユーリー・シェコチーヒン、アンナ・ポリトコフスカヤ、アレクサンドル・リトヴィネンコなど数多くの有識者や政治家が、FSBと、その長官であったプーチンの危険性に警鐘を鳴らしていた。しかし、これらの者はその後、暗殺や不審死という最期を遂げ、その警告も体制側の操作、攪乱によってかき消されたのである。

本書のタイトルは「諜報国家ロシア」であるが、より厳密に言えばソ連やロシアのように、巨大な情報機関が政府、軍、経済、社会のあらゆる層に浸透し、保安（セキュリティ）を監視する国家を「防諜国家（カウンターインテリジェンス・ステート）」と呼ぶ。「保安」の定義は広範かつ曖昧であり、現代ロシアは、チェキストと、その見えない協力者が民間企業や学術機関まで広く浸透していることに特徴がある。

民主主義国にも、情報機関は必要である。しかし、KGBやFSBは、西側の類似機関（米国のCIA〔中央情報局〕、FBI〔連邦捜査局〕、英国のMI6〔情報局秘密情報部〕、MI5〔情報局保安部〕など）とは似て非なる存在であり、我々の先入観で見てはいけない。西側の情報機関は民主主義社会で生まれたのに対し、ロシアの情報機関は共産主義の一党独裁体制の申し子なのである。ところがこの問題については、インテリジェンス（諜報）史に特別な関心を持つ研究者を除いてほとんど注意が向けられてこなかった。KGB研究者のエイミー・ナイトは、ソ連末期に発表した著作で、ソ連軍については多くの研究がなされているのに対し、情報機関は研究者の関心の範囲から漏れ、KGBを研究する枠組みすら出来上がっていない、そしてそのことがソ連の体制の仕組みや意思決定の要因を理解するのに大きな阻害要因となっていると指摘した。この指摘は、ほぼそのまま今日のFSBとロシアに対する我々の理解についても当てはまるだろう。

とはいえ、現代のFSBは、KGBの完全な複製でもない。チェキズムの思想のように変わらないものもあれば、疑似地政学や「ロシア世界」のような新たな流行、資本主義下での犯罪世界との癒着やメディア・サイバー空間での活動のような変化も見られる。ロシアの権力構造と社会の仕組みを理解するためには、この継続性と変化の両方に目を向けなければいけない。

現代ロシアの内政、対外政策、軍事、あるいはプーチン個人史についてはすでに多くの書籍が出ているが、本書はこれまでほとんど語られることのなかった、ロシアの防諜国家としての一面について、近年のKGB／FSB研究で得られた知見をもとに掘り下げる。本書が紹介する知識は、ロシアの歴史、政治、経済・ビジネス、言語・文化、民間交流に関心を持つ者に広く役立つはずである。逆説的だが、ロシアのインテリジェンス活動に関心を持たない者にこそ、必要な知識なのである。

本書は以下のように構成されている。

第1章は、KGBの歴史、組織、要員を見る。KGBを警察やスパイ機関程度に捉えているとしたら、それは間違いだ。KGBは国家と社会に広く浸透する「国家の中の国家」と言われる存在だからだ。ロシアのFSBは、KGBをほぼそのまま踏襲したため、それを理解することは、現代ロシアの体制や思想を理解する上でも不可欠である。また、ロシア研究では、軍と情報機関が「シロビキ」（武力省庁）として一緒くたにされがちだが、ソ連やロシアにおいてこの二つは明確に異なる存在である。

第2章は、ソ連が崩壊したにもかかわらず、なぜKGBが事実上存続したのか、その原因を考える。ソ連末期、KGBはゴルバチョフの「ペレストロイカ」（建て直し）の改革の先を行き、経済や政治の自由化やメディアの多元化に適応する「自己改革」に成功した。とはいえ、後継組織のFSBが全く同じ形で残ったわけではない。その後のプーチン政権下で注目すべきは、FSBが政府やマフィアと癒着して構築した体制「システマ」である。

第3章は、現在も使われるKGBの基本的な戦術・手法を紹介する。ロシアの対外政策の主要な手段は、外務省が行う外交ではなく、情報機関が実施する非公然の政治・世論工作

「アクティブメジャーズ」である。そこで、アクティブメジャーズを構成する偽情報や陰謀論のほか、工作を支援するインフルエンス・エージェントやフロント組織について解説する。

第4章は、メディアと政治技術である。現代のチェキストは「政治技術」と呼ばれる選挙・世論操作や、疑似政党、官製NGOを発展させてきた。またサイバー空間では、ウェブを監視するほか、ソーシャルメディアを世論工作に利用する。その一方、ロシアが発信する、反西側のメッセージ（ナラティブ）のパターンはソ連時代からほとんど変わっていない。

第5章は、ソ連崩壊後の思想について、共産主義に代わるチェキストの世界観を検討する。ロシアは、ソ連崩壊後に歴史の見直しを行わず、むしろ第二次世界大戦を「ファシスト」に勝利した「大祖国戦争」として賛美する傾向を強めた。それと並行してエリートの間では、疑似地政学「ゲオポリティカ」がブームになる。この思想では、旧ソ連諸国を「影響圏」や「近い外国」とみなす。

2014年5月、クリミアの「併合」宣言後初めて同地を訪問した、左からセルゲイ・ショイグー国防相、ウラジーミル・プーチン大統領、アレクサンドル・ボルトニコフFSB長官（写真◎AP/アフロ）

ロシア正教会や、文化交流の名を借りた「ロシア世界（ルースキー・ミール）」基金とも連携して、ロシア語話者の「同胞」やロシアに関心を持つ外国人に影響力を及ぼそうとする。そして、子ども・青年組織やスポーツ団体をも動員する体制を見ていきたい。

これらロシアに蓄積された矛盾が一気に噴出したのが、対ウクライナ戦争だった。

第6章は、二〇一四年のロシアによるクリミアの違法併合やウクライナ東部軍事侵攻で、モスクワがどのようにしてウクライナの「危機」や「内戦」を煽動・演出し、紛争の当事者ではなく、仲介者であるかのような欺瞞工作を行ったかを検証する。

終章では、ウクライナ全面侵攻後のロシアが向かいうる方向性と日本を含む西側の対応について考えてみたい。

おおむね時系列の構成となっているが、より直近の現代や、ロシア・ウクライナ戦争に関する章から読んでもらっても構わない。しかし、現代ロシアの政治・社会の諸要素は、保安機関の役割を含め、歴史的背景がある。現代と過去を行ったり来たりしながら読み進めれば、理解が有機的になるとともに、過度に悲観的あるいは楽観的な予測から離れたロシアの現実的な将来像が見えてくるはずである。なお、本書執筆にあたり、数多くの文献を参照したが、読みやすさのため文中での引用は最小限にとどめ、巻末にまとめて主要な参考文献をリストアップした。

目次

ウクライナの地名表記に関しては、原則ウクライナ語読みとした（キーウ、ルハンスクなど）。ただし、ソ連時代の表現やロシア側の発言を引用する際は、そのままロシア語読み（キエフ、「ルガンスク人民共和国」など）を用いた。

フィンランド
バルト三国
サンクトペテルブルク
(レニングラード)
タリン
エストニア
ロシア
ヴァルダイ
リガ
ラトビア
モスクワ
ウラジーミル
リトアニア
カティン
スモレンスク
ヴィリニュス
ロシア
ドニプロ川
ミンスク
ブリャンスク
ベラルーシ
タンボフ
ポーランド
クルスク
チョルノービリ
ベルゴロド
ブチャ
キーウ
スロヴャンスク
ハルキウ
リヴィウ
ウクライナ
スロバキア
ドニプロ
ルハンスク
ザポリッジャ
ロストフ・ナ・ドヌー
ハンガリー
モルドバ
オデーサ
ドネツク
マリウポリ
ルーマニア
アゾフ海
ヘルソン
カスピ海
ブカレスト
クリミア半島
ケルチ
チェチェン共和国
北オセチア共和国
セルビア
ソチ
ブルガリア
黒海
アブハジア自治共和国
ジョージア
ツヒンヴァリ地域
(旧南オセチア自治州)
アルメニア
アゼルバイジャン
トルコ
ギリシャ
イラン
シリア
イラク
地中海

ロシア周辺地図

地図作成／地図屋もりそん
図表作成／ケー・アイ・プランニング

第1章　歴史・組織・要員――KGBとはいったい何か

ソ連の国旗の「鎌」は農民、「槌」はプロレタリアート（労働者）を表し、それらはレーニンの共産主義の象徴であった。国家保安委員会（KGB）は、その鎌と槌を背後から支える「盾と剣」を紋章とした（三頁）。ソ連において一党独裁体制を確立した共産党は、ソ連政府の上に立ち、社会全体を統治した。このソ連共産党の武器として、盤石な体制を保障したのがKGBである。KGB研究者のマイケル・ウォーラーは、共産党が巨大な船であればKGBはその下部構造を固定する竜骨（キール）であると表現した。ソ連・ロシアの情報機関といえば、対外諜報（external intelligence）、すなわち外国に対する政治・軍事・科学技術情報収集や政治工作に注目が行きがちだが、KGBとその後継機関の本質は、「国家保安」

の名の下に体制を護持する防諜（counterintelligence）の活動にある。これには歴史的経緯がある。

1　チェキストの系譜——どこにでもスパイを見る

ボリシェヴィキの国家テロ組織

ＫＧＢの前身は、十月革命後の一九一七年一二月二〇日に創設された反革命・サボタージュ取締全ロシア非常委員会、いわゆる「チェーカー（Cheka）」である（正式には「ヴェーチェーカー（VCheka）」であるが、略してこう呼ばれた）。「非常」という言葉に表れているように、チェーカーは「階級の敵」である富裕層「ブルジョアジー」との闘争のために、臨時かつ超法規的に設けられた組織であり、革命勢力が敵を打倒し、権力を掌握すれば解散するとされていた。しかし、チェーカー設置令の公表が設置から五年後の一九二二年であったことにも表れているように、チェーカーの権限や活動実態は当初から闇に包まれていた。

ソ連は、ウラジーミル・レーニンをトップとする職業革命家集団「ボリシェヴィキ」によって作られた国家である。ボリシェヴィキが革命によって権力を掌握するためには、帝政ロシアの秘密警察「オフラナ」を欺く必要があった。オフラナが革命派の内部に潜入を試みる一方、ボリシェヴィキも帝政ロシアの警察、軍、陸軍省、内務省、法務省などに仲間を浸透させていた。この帝政ロシアやその残党との諜報戦の過程でボリシェヴィキの革命と体制を死守するために設けられたチェーカーは、当初から、帝国主義・資本主義の打倒を目指すマルクス・レーニン主義に加え、敵の潜入を異常なまでに恐れる陰謀論的な色彩を帯びていた。

この伝統は今日まで続く。KGBの教本『諜報における情報活動』には、ソ連の諜報員は、報道や事実を繰り返すのではなく、「資本主義国で起こっている出来事の舞台裏」と「敵の秘密の計画と意図」を炙《あぶ》り出さなければならない、とある。このような敵の陰謀を前提とする考え方を叩き込まれたプーチンは、外交ルートや公式情報ではなく、情報機関からの報告をことさらに重視する。一方のロシア連邦保安庁（FSB）やロシア対外諜報庁（SVR）は欧米諸国の陰謀を懸命に探し出す。確証バイアスの悪循環である。

KGBの紋章「盾と剣」

レーニンは、チェーカーの初代議長に、ポーランド系出自のフェリクス・ジェルジンスキーを任命した。無情で冷徹な指導者として恐れられるジェルジンスキーは、幼少期にはカトリックの修道士を目指していたが、青年期にマルクス・レーニン主義に傾倒したと言われる。

チェーカー創設令は、ロシア国内の反革命勢力の徹底的な取り締まりを目標に掲げた。当初の弾圧対象は富豪や革命に抵抗する白軍などの「搾取

ウラジーミル・レーニン
（1870〜1924年）

者」であったが、日々の生活のために市場で物々交換や取引を行う一般市民まで「スペクリャーツヤ（投機）」の罪で処刑されるようになった。ソ連政府への不敬、無許可集会、夜間外出禁止令違反なども反革命罪となった。

ボリシェヴィキは、一九一八年八月のレーニン暗殺未遂とペトログラード・チェーカー支部長ウリツキーの暗殺後、「赤色テロ」を宣言し、ペトログラードでは一日に五〇〇人を見せしめに処刑した。チェーカーは、ブルジョアジーの階級そのものの殲滅を目的としたので、罪の立証の必要すらなく、「どの階級に属すか」を尋問し、その者の運命を決めた。この時期、レーニンが「全ての善良な共産主義者は、チェキストでもある」と述べたようにチェーカーは共産主義の代名詞となった。共産党機関紙『プラウダ』は、「『全権力をソビエトへ』というスローガンは『全権力をチェーカーへ』に置き換えなければならない」という主張を展開した。

チェーカー幹部は、「私は、誰でも銃殺する権限を持っている」と豪語した。というのも、レーニンとジェルジンスキーの指揮下にあるチェーカーは、家宅捜索、逮捕、処刑の権限を有し、政府には形式的な事後報告をすれば事足りたからである（他方、実際に報告が行われていたとは信じがたい）。西側の情報・保安機関とは異なり、チェーカーは、創立当初から、政治目的が手段を正当化していたため、その手段は法の制約を受けることがなかった。ジェルジンスキーは、闘争下における法や裁判手続きを否定し、「我々は組織化されたテロでなければならない」と明言した。

帝政ロシア秘密警察のオフラナも残忍な手段を使うことはあった。しかし、チェーカーに比べれば極めて稀で、一九〇五年に過激派によるテロがピークに達するまでは政治犯への極刑の適用はほとんどなかった。逆に、帝政時代は、反体制派の革命家にはいくつもの抜け道が用意されていた。例えば、ロシア国外に逃亡することができた。欧州各地には革命家の拠点ができた。また、仮に逮捕されても、政治犯である革命家は、刑務所のなかで一般囚人よりも恵まれた環境下にあり、本や手紙を読むことも許された。このため、革命家は塀の中で急進的思想を発展させた。レーニンは、シベリア流刑中に初期の代表作『ロシアにおける資本主義の発展』を書き上げた。

一方のボリシェヴィキは、権力を掌握して立場が逆転すると、抵抗する反革命勢力に対し、全ての抜け道を封じた。帝政時代の革命家は私有企業で働くことができたが、革命後は国有企業しかないので反革命の活動

フェリクス・ジェルジンスキー（1877〜1926年）

家はそもそも職につくことすらできない。チェーカーは、共産圏以外との情報を遮断するために、オフラナよりもはるかに厳しい検閲体制を布《し》き、国内の全ての郵便局にチェーカー要員を配置した。外国旅行する者には国内の家族全員の氏名と住所を届け出させ、事実上の人質としたのである。

チェーカーは、テロの恐怖で革命勢力を結束させた。反革命勢力に殉教者を作らせないように、処刑の際は、全裸にして背後から大口径のコルト銃で頭を撃ち抜き、遺族が本人を特定できないほどに顔面を損傷したという。また、「人民の敵」への弾圧を効率化するため、強制移住を進めるとともに、各地に強制収容所を作った。ナチスドイツは、チェーカーの後継組織が開発したガス車（荷台のガス室に人々を押し込み一酸化炭素中毒で殺した）、絶滅収容所等の大量虐殺の手法を研究・模倣し、これを完成させた。

ハーバード大学のソ連史家マール・フェインソドは、チェーカーの赤色テロによる犠牲は控えめに見て五万人、実際には数十万に及ぶ可能性があると指摘している。英国のソ連史家ロバート・コンクエストは、公式な処刑者数は革命期間中に二〇万人に達し、革命後にさらに三〇万人が処刑されたという見方を示す。チェーカーの後継機関が史料を公表していないため正確な数字の確認は困難だが、レーニンとジェルジンスキーによって未曽有の規模の虐殺が行われたことは確かだ。その後のソ連・ロシア史学は、スターリンに大粛清の全責任を負わせる一方で、レーニンやジェルジンスキーの非人道的行為については沈黙した（これは、後述の「非スターリン化」を宣言したＫＧＢが引き続きチェーカー崇拝を強めていく伏線ともなる）。

チェーカーは、都市から農村、軍から教会や工場に至るまでロシア全土に密告者のネットワークを作り上げ、さらにはオフラナが持たなかった規模の海外エージェント網を構築した。このネットワークは、体制の敵だけでなく、身内である人民委員（閣僚）やボリシェヴィキの地方指導者までも監視対象下に置いた。また、オフラナの浸透戦術を取り入れ、反革命勢力の地下組織にエージェントを潜入させて検挙したり、反ボリシェヴィキの蜂起を未然に防いだ。また、ジェルジンスキーは、ソ連が外国に置く大使館についても、チェーカーの構成員を送り、監視が行き届くようにした。この考え方は現代のＦＳＢにも共通する。

ジェルジンスキーは、帝政ロシアの刑務所に投獄されていた犯罪者をチェーカーに迎えた。チェーカー機関紙も、犯罪者とサディスティックな傾向を持つ者をリクルートしていることを公に認めている。チェーカーの下部構成員は、教養も低く、命令を忠実に実行することだけに長《た》けていた。取り調べ対象者の身分証明書が読めず、チェーカーのスタンプしか識別できなかったため、わずかでも疑いがある者は逮捕した。また、チェーカーは、指名手配者が自首するようにその親、妻、子どもを人質にとることもあった。

犯罪者が紛れ込んだチェキストは、必ずしも熱心なマルクス主義者ではなかった。むしろ、弱者への恐喝、賄賂要求、収奪によって私腹を肥やす物質主義者であることが多かった。チェーカーの腐敗については、ボリシェヴィキ内部からも批判が出るほどだったが、当初、レーニンは「プロレタリアート独裁」確立のためにやむなしとこれを不問に付した。

「生まれ変わった」チェーカー

一九二一年、内戦が収束に向かい始めると、レーニンは、戦時共産主義を終わらせ、内戦で疲弊した国内経済を押し上げるため「ネップ」（新経済政策）を打ち出し、市場、私企業を一部復活させた。また、外国投資の誘致のため、悪名を轟かせていたチェーカーをどうにかする必要に迫られた。党内部からも臨時的組織の役目は終わったとしてチェーカー不要論が出ており、レーニンも、一九二一年一二月の第九回全ロシア・ソビエト大会でチェーカー改革の必要性を認めた。二二年二月にチェーカーの廃止が発表され、その機能は内務人民委員部（NKVD）の中に新たに設置された「国家政治局（GPU）」に移管され、見かけ上は権限が大幅に縮小された。

当時、モスクワに駐在していた米国人記者ジョージ・ポポフによれば、対外的なイメージ改善のため、チェーカーの廃止は外国報道機関に向けて大々的に発表された。さらに死刑廃止令が布告され、ジェルジンスキーはチェーカーを去り運輸人民委員（運輸相）に就任し、その後任には難民担当として人道的との評判があったヨシフ・ウンシュリフトが就任する、という噂が流された。だが、実際にはジェルジンスキーは運輸相とGPUのトップを兼任した。GPUは、モスクワの中心地ルビャンカ広場のチェーカーと同じ建物に置かれ、組織や仕事も同じままであった。玄関の看板がチェーカーからGPUに書き換えられ、部署名の標識の「チェーカー」の上に「GPU」と書いた白いラベルが貼られただけであった。これは、ソ連末期のKGBが、「民主的改革」で生まれ変わった、というプロパガンダを大々的に行ったにもかかわらず、実態はほとんど変わらなかったのと似ている。

ボリシェヴィキは、GPUに対し、流刑、投獄、処刑まで含む広い権限を引き続き与えた。また、一九二三年の刑事訴訟法典は、GPUによる政治犯罪の秘密裡かつ迅速な捜査を可能にし、重大な人権侵害をも許容する法的な土台を与えた。建前上は、検察がGPUによる犯罪捜査を監督する権限を有したが、一九二四年には刑事手続法典が改正され、そうした監督には、非公表の「特別法によって規定される」という文言が加えられた。同様に、GPUによる逮捕は「特別規則に従う」とされていたが、一九二九年には、この「特別規則」がGPU自ら行う予備捜査に基づき事案の種類を決定する、と改正された。つまりGPUは、非公表の秘密規則で外部組織による監督を骨抜きにして大きな権限を獲得したのである。KGBもソ連末期に同様の方法で議会による監視を回避することに成功している（本章2参照）。

スターリンの内務人民委員部

一九二三年にGPUから統合国家政治局（OGPU）に改組された保安機関は、レーニン死去後に台頭した独裁者ヨシフ・スターリンの私的テロ組織に変貌していく。一九二〇年代

ヨシフ・スターリン
（1878～1953年）

中頃までには、左派政党や白軍残党を含めボリシェヴィキの「敵」は殲滅されていた。このような状況下で保安機関の弾圧は党内に向けられることになる。一九二六年五月、ＯＧＰＵは、地方党組織が地方保安機関の幹部をＯＧＰＵの許可なく更迭するのを禁じた。これによって、党による保安機関に対するチェック機能は大きくそがれた。一九二七年一二月、党中央委員会とそれに続いて開催された党大会は、「反革命グループ」としてレフ・トロツキー、グリゴーリー・ジノヴィエフ、レフ・カーメネフらの党指導者の除名を決定し、下級党組織の関係者も逮捕、収容所送りとなった。この際、ＯＧＰＵは「反革命グループ」に潜入し、その信頼を傷つけるキャンペーン（コンプロマット）を行った。

党内抗争に勝利したスターリンは、一九二八年、ネップを否定し、「上からの革命」、すなわち急速な工業化と農村の集団化に着手する。ＯＧＰＵの保安要員は、臆する党員に代わり、農民から穀物を強制徴発した。また、この頃、一般囚人と政治犯の区別が曖昧になり、全ての囚人がＯＧＰＵの所管に移された。これは、一九三〇年代に拡大する大規模な強制労働収容所ネットワーク（いわゆる「グラーグ」）の足掛かりとなった。一九三二年、ＯＧＰＵは、ＮＫＶＤの管轄にあった一般警察を吸収した。一九三四年、今度は逆に、ＯＧＰＵが国家保安総局（GUGB）に改称され、NKVDの管轄下に入った。しかし、これは保安機関の弱体化ではなかった。NKVDのトップにOGPUのゲンリフ・ヤゴーダが任命されたことからも分かる通り、実態は保安機関によるNKVDの吸収であった。これにより、チェキストは、警察から、国境警備、消防、刑務所、強制労働収容所等の懲罰機関に至るまで極めて広範な権力を手中に収めた。

スターリンの独裁は、この肥大化した保安機関を巧みにコントロールすることで達成された。ヤゴーダ内務人民委員は、見せしめのための第一次モスクワ裁判（一九三六年）で、スターリンの政敵のジノヴィエフとカーメネフをトロツキーと共謀した疑いで逮捕・銃殺した。ヤゴーダは、スターリンに代わって、多くのレーニンの同志を投獄・処刑したが、最後には自らも粛清の対象となった。スターリンは、ヤゴーダに粛清の意図を悟られないように細心の注意を払い、一九三六年春、ヤゴーダに国家保安総委員という肩書を与え、最側近に与えられる栄誉としてクレムリン内に居を構えることも許可した。しかし、もうこのときスターリンは自らの代理としてNKVDの活動を監督していたニコライ・エジョフを後任に据えることを決めていた。九月にはエジョフが内務人民委員に任命され、ヤゴーダは郵便電信人民委員に降格された。エジョフは、一九三七年初めの第二次モスクワ裁判で古参ボリシェヴィキとともに、NKVD内のヤゴーダ残党を逮捕・銃殺した。一九三八年に入ると、粛清の嵐は頂点に達し、標的は党内の元反対派だけでなく、党事務職員、コムソモール（党青年組織）、

ゲンリフ・ヤゴーダ
(1891〜1938年)

軍、国民全般に及んだ。同年三月の第三次モスクワ裁判では、ニコライ・ブハーリン、アレクセイ・ルイコフらとともに、ヤゴーダ前内務人民委員も粛清された。

しかし、一九三八年中頃には、エジョフの下での大粛清「エジョフシチナ」は体制を維持できない未曽有の規模に達した。スターリンは、自らに忠誠を誓い大粛清の実行者となったエジョフに責任を負わせることにし、エジョフとその一味がNKVDに浸透し、党指導部を欺《あざむ》いたという風説を流布した。一九三八年春、スターリンは、エジョフ内務人民委員に水上交通人民委員を兼任させ、その年の夏にはトランスコーカサス地方での情け容赦ない粛清で評価されたラヴレンチー・ベリヤを内務人民委員筆頭代理につけた。これは前任者ヤゴーダに対する粛清とほぼ同じパターンであった。同年末にはエジョフは内務人民委員の職を解かれ、ベリヤが後任に据えられた。歴史家のロイ・メドベージェフによれば、エジョフが公的な場から姿を消したときの人々の反応は「善良な皇帝〔スターリン〕は、嘘つきで悪賢い大臣に取り囲まれている」というおとぎ話そのものであったという。ベリヤによるエジョフ一派に対する粛清は、エジョフによるヤゴーダに対する粛清の規模をはるかに凌ぐものだった。ソ連研究者のコンクエストによれば、一二二名いたNKVD幹部のうち一九四〇年に残っていたのはわずか二一名だったという。

保安機関と党の癒着も強まった。ベリヤがソ連共産党の最高意思決定機関である政治局の局員候補に任命されたほか、その筆頭代理のフセヴォロド・メルクロフを含むＮＫＶＤ幹部が党中央委員またはその候補として迎えられた。ＮＫＶＤは、軍事施設、水力発電所や運河の建設も任せられ、服役中の技術者や科学者を利用して研究所まで立ち上げた。一九三九年の独ソ不可侵条約秘密議定書によって東欧が分割されると、ＮＫＶＤは占領したポーランド東部、ウクライナ西部（それまではポーランド領）やバルト三国の「反ソ連分子」の強制移住や民族運動の弾圧の最前線に立つ。

また、外国での「裏切者」暗殺も保安機関の重要な任務であった。この時期、ＮＫＶＤは、ソ連赤軍の生みの親で失脚後にボリシェヴィキ批判に転じたトロツキーを地球の裏側のメキシコまで追いかけた。一九四〇年、スペイン生まれのＮＫＶＤエージェントのラモン・メルカデルは正体を偽ってトロツキーの女性秘書の恋人になって、トロツキーに近づき、ピッケルでトロツキーの頭に致命傷を負わせ、暗殺に成功した。メルカデルはメキシコ警察に逮捕されたが、二〇年の刑期を終えた後、キューバ経由でソ連に渡り、「ソ連英雄」として将軍並みの給与と住居を保障され、ニキータ・フルシチョフソ連共産党第一書記から歓待された。ＫＧＢになって、規模は縮小されたが、「裏切者」の抹殺は保安機関の任務として受け継がれることになる。

一九四三年、NKVDから再び、保安専門の国家保安人民委員部（NKGB）が切り離された。しかし、そのトップにはベリヤの右腕のメルクロフが据えられ、引き続きベリヤの統制下に置かれた。第二次大戦後の一九四六年、NKGBは国家保安省（MGB）に改称された。MGBはソ連がナチスドイツからの「解放」後に占領した東欧諸国にチェキストを送り込み、類似の保安機関を設置した。

非スターリン化

一九五三年にスターリンが死去した後、内務人民委員を務めたベリヤが短期間実権を握るが、フルシチョフと軍が結託したクーデターにより失脚し、銃殺刑に処された。一九五六年二月、フルシチョフ第一書記は、第二〇回党大会の秘密報告でスターリン批判を行い、スターリンの下で保安機関が犯した犯罪を暴露した。一方、これは一歩間違えれば、一九五四年三月にMGBの後継機関として発足した国家保安委員会（KGB）の威信を失墜させるおそれがあり、多くのチェキストの士気をくじくことになりかねなかった。フルシチョフは、慎重に事を運んだ。まず、党中央委員会の保安機関出身者を減らした。一方、フルシチョフは、「大多数のチェキストは我々の共通の目標に向けて献身する正直な職員であり、我々は彼らを信用する」と述べ、西側がソ連に送り込むスパイや破壊工作員に対抗するために保安機関の強化を訴えた。

それと同時に、スターリン個人の武器となり党の同志にまで銃口を向けた保安機関を党の完全な統制下に置くためKGB議長のポストには、生えぬきのチェキストではなく、アパラチキ（党官僚）の中から信頼できる者を任命するようになる。一九五八年、イヴァン・セーロフ初代KGB議長の後任にコムソモール出身の若手官僚アレクサンドル・シェレーピンが当てられた。このように外部の党員をKGB議長に任命する慣習は、一九八二年にブレジネフ期のKGB議長ユーリー・アンドロポフが党書記長に就任し、それまでKGBに一五年以上勤務したヴィクトル・チェブリコフをKGB議長に起用するまで続いた。

非スターリン化と逆行するように、保安機関のイメージ改善も進められた。大粛清実行の中心にいたチェキストたちの罪は追及されず、「NKVDから生まれ変わった崇高なKGBは、スターリンとは何ら関係がない」というイメージ作りが行われた。驚くことに、チェキストは、自らがスターリン体制の犠牲者であるという主張まで始めたのである。チェキストは工場、職場、学生組織などに足を運び、KGBと「人民とのつながり」を強調し、KGBは帝政ロシアのオフラナや西側の保安機関とは異なり、「真に人民の機関」であるというプロパガンダを大々的に展開した。

一九六一年の第二二回党大会で、スターリンの遺体を赤の広場のレーニン廟から撤去すること、スターリンの名を冠す町の名前を改称することなどが決定された。一方、大粛清の実行者だった保安機関については数名の罪人の名が挙げられただけだった。それどころか、保安機関がチェキストの伝統を失ってしまったことが大粛清の悲劇へとつながった、という主張がなされ、過ちを繰り返さぬためにはジェルジンスキー時代のチェキストの伝統を復活すべきだという奇妙な結論に至ることになる。

予防「プラフィラクティカ」

非スターリン化の過程では、「社会主義法の遵守」が謳《うた》われた。保安機関の手法も洗練され、逮捕や拷問よりも、説得による「予防（プラフィラクティカ）」が主要な手段として定着する。逮捕は反体制派への脅しとして効果的だが、大規模な一斉検挙や著名な活動家の逮捕はこれらの者を「殉教者」にしてかえって反体制派を活気づけ、ソ連の国際的評判を落とすこととなる。このため、KGBは、その捜査線上に浮上した人物を、正式な事情聴取とは異なる非公式の「友好的会話」に誘い出し、「反社会的活動」に対する処罰を警告するとともに、相手の話に理解や同情を示してさまざまな「支援」を約束するなど、硬軟織り交ぜて懐柔した。取り調べでは、KGB捜査官は心理的アプローチを駆使し、拘置所職員は無知で残虐だが、KGB捜査官だけは知性と温情があり信頼に値する、と思わせた。このようにして、「転向」させるのに成功した反体制派については、さらに、見せしめ裁判や新聞で「罪」を自白させた。また、職場での解雇の脅し、KGBエージェントによる監視、違法な家宅捜索なども心理的圧力として用いた。

また、反体制派の取り締まりには、内務省傘下の精神科病院への収容もその手段として使われた。反体制派に「精神疾患」のレッテルを貼ることで信頼を落とし、かつ国際世論の注目を避けるのに都合がよかったからである。こうした精神科病院は、KGBの直接の所管ではなく、収容も警察や検察を経由して行われたが、公然の場で党の民主化を要求してモスクワのセルプスキー記念法精神科病院に収容された元ソ連軍将官ペトロ・グリゴレンコの証言によれば、同病院の部長ダニイル・ルンツなど複数の医師が、KGB将校の制服を着て出勤していた（ルンツはKGB大佐であった）。ソ連崩壊後も、精神鑑定の権威的な存在であるセルプスキー病院の閉鎖性や政治性は大きく変わっていない。二〇一七年には、スターリン時代の粛清など歴史の真実を追及するNGO「メモリアル」のカレリア支部長で歴史家のユーリー・ドミトリエフが、児童ポルノ製造の疑いで起訴された後、精神鑑定のためセルプスキー病院に送致された。ドミトリエフは、カレリアでスターリン大粛清の犠牲者の集団埋葬地を発見し、本の出版へ向けて準備を進めていた。

ジェルジンスキー信仰

教養も低く、残忍なチェキストが、いつのまにか、「党と国を守る特別な使命を持った者」と英雄視され、信仰の対象となっていく。一九二二年、初代チェーカー議長ジェルジンスキーは、チェキストを「革命の番人」として称えた。

内戦の真っ只中、包囲戦を死に物狂いで戦い、飢餓、寒さ、荒廃に苦しみ、国内では白軍、外国からは帝国主義者が国家の中枢に接近しているとき、ヴェーチェーカーと地方保安機関は、自己犠牲を省みない英雄的な行動をとっている。(……)ヴェーチェーカーはこの闘争の中で死んでいった英雄と殉難者を誇りとする。

一九二六年の死後まもなく、ジェルジンスキーに対する礼賛も始まった。その顔型をとったデスマスクがチェーカーの後継組織GPUの本部に展示された。それは赤の広場に眠るレーニンに対する信仰と似ていた。秘密警察の神格化は、帝政ロシアのオフラナでは見られなかった現象である。

スターリンへの個人崇拝が強まると、ジェルジンスキー信仰は一時影を潜めたが、一九五〇年代後半から始まったフルシチョフの非スターリン化運動で復活し、一九六〇年代後半からアンドロポフKGB議長の下で一層強まった。国内の多くの通りや広場がジェルジンスキー通り・広場に改称され、KGB本部前のルビャンカ広場(ジェルジンスキー広場)には重さ一四トンのジェルジンスキー像が設置された。一九七三年には、第二次大戦中にナチスドイツに潜入したチェキストを主人公としたテレビドラマ『春の十七の瞬間』が制作され、好評を博した。このドラマに感銘を受けたのが、当時青年だったプーチンであった。

ジェルジンスキー信仰は、ソ連末期になっても変わらなかった。ペレストロイカが始まったときのKGB議長だったヴィクトル・チェブリコフは、ジェルジンスキーは「世の中の不正義と犯罪をなくすために全身全霊を捧げた」と述べ、「全人類を愛で温かく包み込み、現代社会の汚れを洗い落とす」というジェルジンスキーのモットーを賛美した。チェブリコフの後任としてKGB議長に任命されたウラジーミル・クリュチコフも、ジェルジンスキーの言葉を引用し、チェキストは「冷静な頭脳、温かい心、穢れのない手」を持たなければならないと諭した。

ジェルジンスキーに対する肯定的評価は、ソ連国民にも広く浸透した。一九九〇年に実施された調査で、革命期に活躍した人物の中でもっとも親近感を感じる者を挙げさせたところ、一位のレーニン（六四％）に続き、ジェルジンスキーが二位（四一％）に入った。スターリンを肯定的に受け止めた者がわずか七％だったのとは対照的である。また、五一％ものソ連国民が、一九一七年にチェーカーが創設され、幅広い権限を与えられたことは、「必要であった」と回答した。KGB研究者のウォーラーは、ソ連は非スターリン化には成功したが、「非チェーカー化」には失敗したと述べている。

一九九一年の八月クーデター後、KGB改革のためゴルバチョフによってKGB議長に任命されたヴァジム・バカチン元内相は、KGBが機能別に複数の組織に分割されるまでの一〇七日間その任務にあった。しかし、七四年間にわたり植え付けられたメンタリティを短期間で変えるのは無理なことだった。のちに、バカチンは、自著で保安機関に対する民主的監視体制の確立やジェルジンスキー崇拝の根絶に失敗したことを率直に認めた。

ソ連崩壊後、レーニン像や共産主義のシンボルが公共空間から徐々に撤去されたのに対し、ジェルジンスキーについては八月クーデター後にルビャンカ広場の銅像が引き倒されたことを除けば、そのシンボルや記憶は引き続き維持された。KGB本部のジェルジンスキーの胸像は崇拝の対象であり、若い将校はこれに花束を手向け、頭を下げるのが習わしであった。これはソ連崩壊後も続いた。

一九九三年、米国政府は、SVR長官エフゲニー・プリマコフの顧問団団長のヴァジム・キルピチェンコを米国に招聘した。米国関係者と意見交換したキルピチェンコは、ロシアの情報機関がKGBから生まれ変わり、改革を徹底し、法を遵守していることに長舌を振るったが、この会議に同席したKGB研究者のウォーラーは、次のような鋭い質問を投げかけた。「なぜロシアの情報機関は、一九九一年一二月のソ連崩壊から一年が経った一九九二年一二月二〇日に、新たに生まれ変わった情報機関の一周年ではなく、チェーカー外国部創設の七二周年を祝ったのか」と。キルピチェンコは、この質問にやや気色ばみ、ジェルジンスキーを「偉大な人物」とし、そのポジティブな側面に目を向けるべきだと、チェーカー創始者の業績を暗唱するように羅列した。その後も、一二月二〇日は「チェキストの日」として毎年欠かさず祝われている。

図1　党・KGB・政府の関係

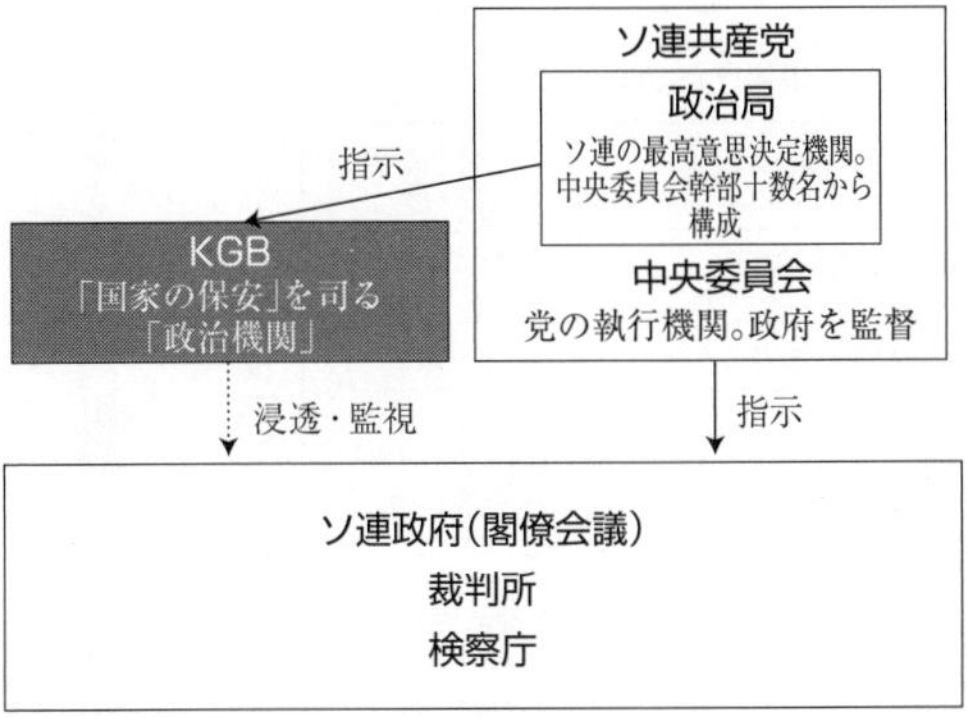

出所：KGB文書をもとに筆者作成。

2　巨大な機構――KGBの主要部局と役割

ルビャンカを頂点とする垂直構造

ＫＧＢの創設時の正式名称は「ソ連閣僚会議附属国家保安委員会」であった。この名称からはあたかも閣僚会議（政府）に属するような印象を与えるが、実際にはＫＧＢは政府には報告義務がなく、ソ連共産党の最高意思決定機関である政治局の指示に従う「政治機関」であった（図1参照）。ＫＧＢはロシアを除く一四の連邦共和国、二〇の自治共和国、一二一の州、一八一〇の市・地区に支部を置いたが、ソ連時代には「ロシア共和国共産党」が存在しなかったように、「ロシア共和国ＫＧＢ」もなく、ロシアの各州のＫＧＢ支部はソ連ＫＧＢ本部の直接指揮下に置かれた。ＫＧＢは、予算も人員も秘密とされ、国境警備兵を含まない職員数は五〇万人前後（ソ連末期）と見られている。

ＫＧＢやその前身組織は、何度か再編され、ソ連末期にはおおよそ以下に紹介する部局から構成されていた。それぞれの部局の機能に着目して、ソ連・ロシアの情報・保安機関の具体的な活動を覗いてみる。（図2参照）

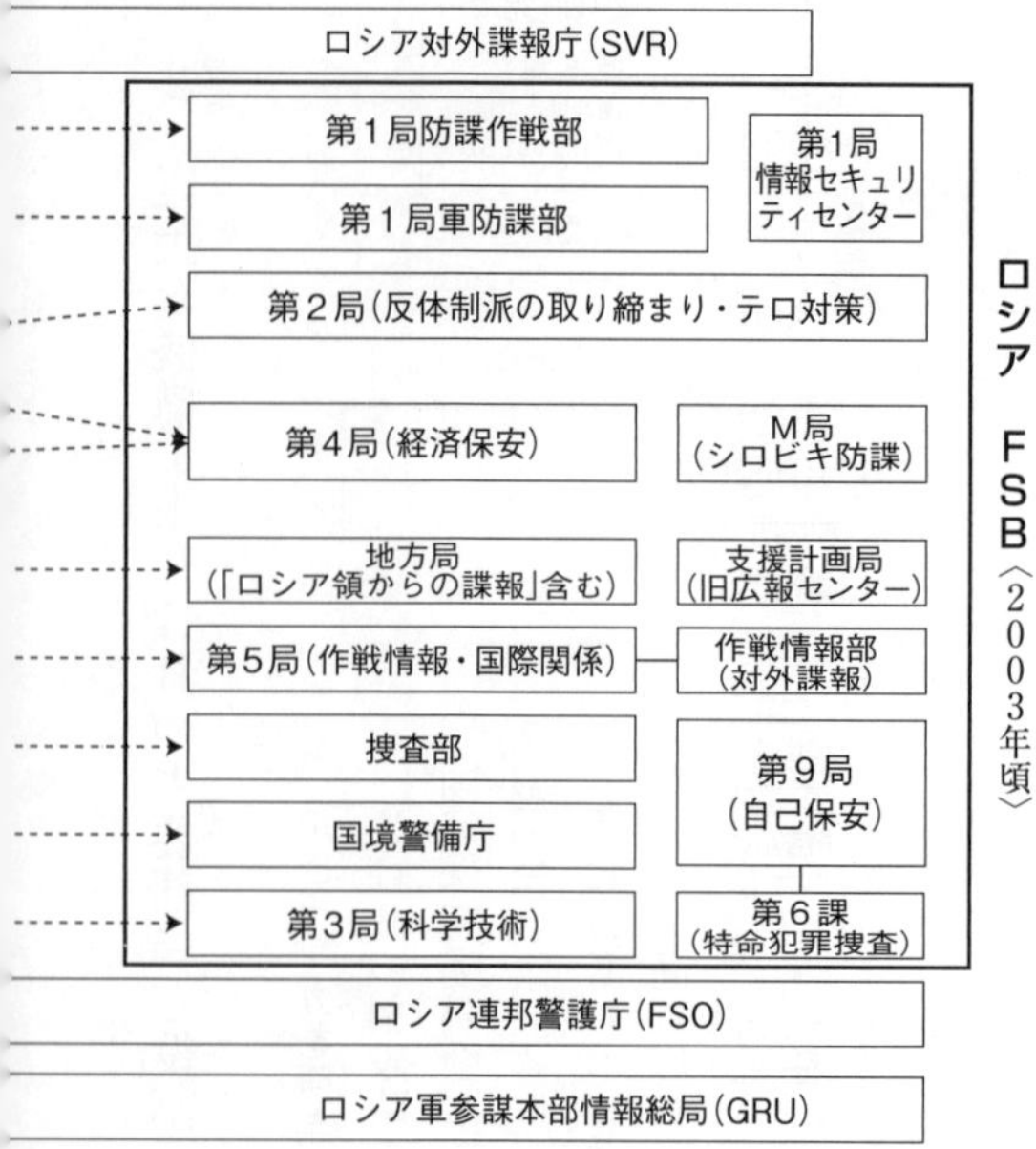

モスクワのＫＧＢの中央機構（ルビャンカ広場にあるため「ルビャンカ」と通称される）は、第一総局（対外諜報）、第二総局（防諜）、第三総局（軍防諜）、第四局（運輸防諜）、第五局（反体制派取り締まり）、第六局（経

図2　ソ連KGBからロシアFSBへの変遷（概略）

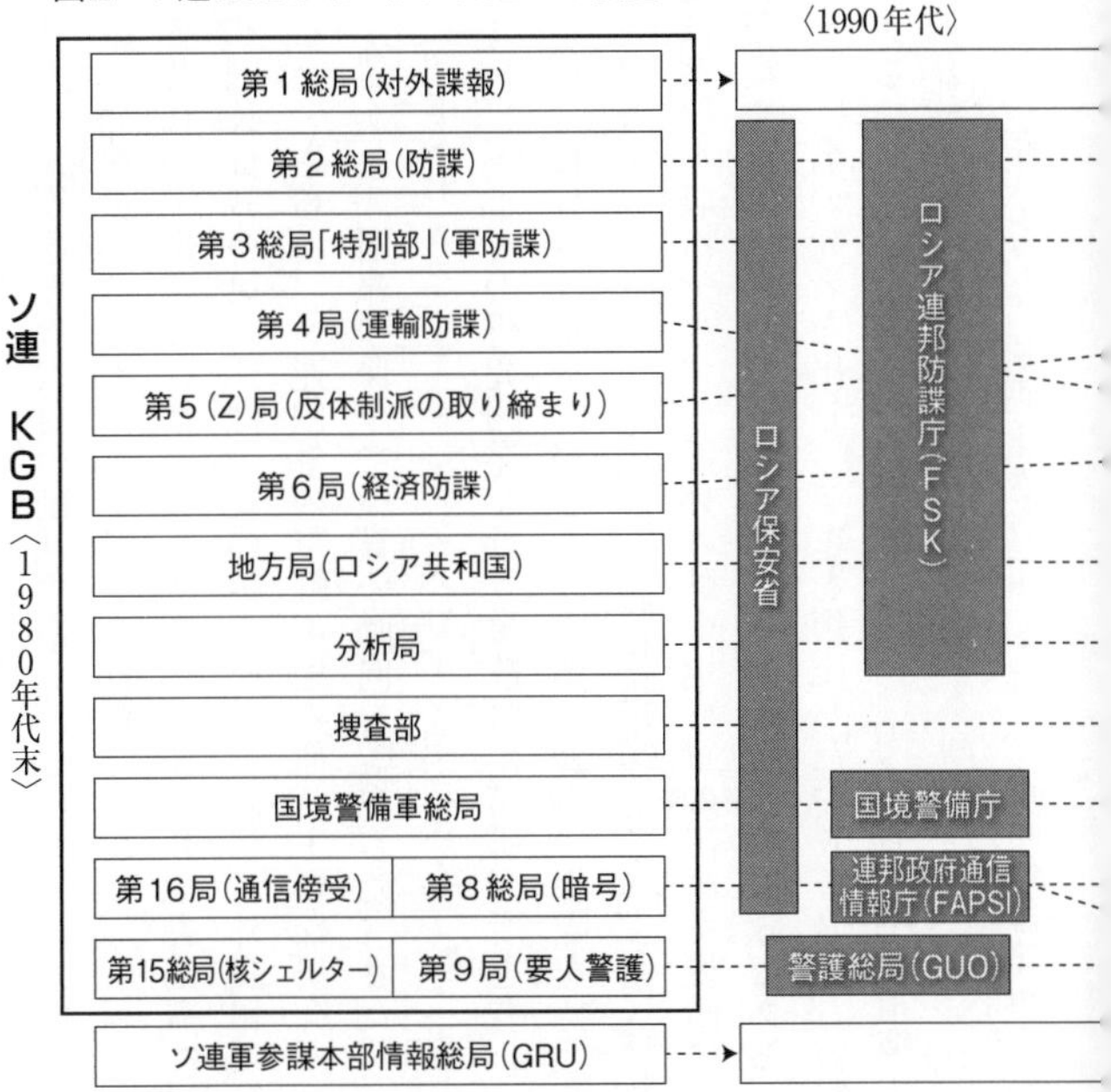

出所：shieldandsword.mozohin.ru、agentura.ru等をもとに筆者作成。
註：本図はKGBとFSBの主要な部局のみ示す。実際には他にも複数の部局がある。

済防諜）、第七局（外部監視）、第八総局（暗号）、第一二部（盗聴）、第一六局（通信傍受）、作戦技術局（特殊機材製造・郵便監視）、ＯＰ局（組織犯罪対策）、国境警備軍総局、第九局（要人警護）、第一五総局（核シェルター管理）、政府通信局、特殊部隊、捜査部（レフォルトヴォ拘置所担当）、第一〇部（文書保管）等から構成された。これに加え、ソ連末期には分析局（第6章2参照）が設置された。各部局が、数千から数万人の職員、専門地域・分野ごとの部課を抱える「大企業」であった。後述するとおり、ソ連崩壊後は人員の削減はあったものの、政治警察の本業である反体制派取り締まりの第五局を含めほぼそのまま温存された。

各共和国・州のKGBは、モスクワのKGB中央機構に相対する組織体制だった。例えば、共和国KGBの第一課は中央の第一総局と同じ対外課報、第二課は第二総局と同じ防課に従事した。さらに、ソ連内外の軍駐屯地の他、主要な研究所、企業、工場にはKGBの出先機関が置かれ、情報の保全や職員の動向を監視した。また、ジェルジンスキー記念KGB大学校（現FSBアカデミー）、アンドロポフ記念赤旗学院（現SVRアカデミー）の他、特殊機材やコンピュータの研究開発を行う複数の秘密研究所を有した。

また、KGBは軍や内務省とは別個に独自の部隊を持っていた。一九六二年、ロシア南部のノヴォチェルカスクで物価高騰に抗議する労働者の蜂起が起こった。党と内務省（警察）では事態を収拾できず、近郊の駐屯地に軍の出動を要請するが、軍は命令を拒んだ。このとき警察や軍に代わって投入されたのがKGBの部隊である。無防備の群衆に発砲し、少なくとも八〇名の死者を出し、デモを鎮圧した。KGBは、警察や軍よりも党に忠実な政治機関であるため、「国家保安」の緊急時には内務省や軍を指揮下に置くことができた。なお、ノヴォチェルカスクの虐殺は、『親愛なる同志たちへ』（アンドレイ・コンチャロフスキー監督、二〇二〇年）として映画化されている。ソ連時代は箝口令《かんこうれい》が布かれた民衆弾圧をリアルに描いたことが評価されてヴェネチア国際映画祭で審査員特別賞を受賞したが、この映画はプーチンに近い大富豪のアリシェル・ウスマノフが資金提供してプロデュースしたこともあり、ヒロインを助け出す「善良な」チェキストの姿（プーチンを連想させる中堅将校「ヴィクトル」）も巧みに演出された。

現役予備将校――国家・社会への浸透

ＫＧＢの社会への幅広い浸透に重要な役割を果たしたのが、「現役予備」制度である。ＫＧＢは、省庁、通信社・新聞社、大学、企業、国営航空会社（アエロフロート）、国営旅行会社（インツーリスト）に将校を送り込み、組織内部の保安・機密保全、その他の諜報・防諜活動に当たらせた。例えば、ソ連末期に東独から帰国したプーチンは、レニングラード大学（現サンクトペテルブルク大学）に国際交流担当職員として派遣され、外国人留学生を管理するとともに、後にサンクトペテルブルク市長となる民主派のアナトリー・サプチャク法学部教授を監視した。派遣先の表向きの肩書を使いながら活動する現役予備将校の存在は、ソ連・ロシアが「防諜国家」と呼ばれる所以であり、現代ロシアを理解するためにも不可欠な概念である。

現役予備将校の肩書でもっとも多いパターンは、ＫＧＢの防諜業務と関連する組織の保安担当である。例えば、ある科学研究所に派遣されたＫＧＢ職員は、同研究所の副所長として、機密の保全を担当し、秘匿度の高い研究開発や製品の保管・輸送も監督した。また、保安担当副所長は研究所の保安規則を違反した職員に対し、注意指導や懲戒処分を言い渡す権限をもっていた。

チェキストは、副所長として職場の幹部や一般職員と日常的に交流しながら、人物を観察し、エージェントや「信頼できる者」（五〇頁）を獲得した。リクルートには常に一定のリスクが伴い、特に現役予備将校の場合は、失敗すれば顔が広く知られた職場で自らの本当の身分を暴露することにもなりかねないので、失敗は許されなかった。

現役予備将校は、諜報・防諜活動のほかに派遣先の仕事もこなす必要があった。例えば、ソ連外務省に派遣されたチェキストには、職業外交官と比べても遜色ない外交に関する高度な知識や専門性が求められた。このようなチェキスト外交官の中には、正体露見の懸念がまったくないほどに海外のパートナーから信頼を寄せられている者もいたという。このため、保安機関の将校は、法律上は軍人扱いであるが、その専門は実に多様で、ソ連崩壊前夜のKGBは博士八七名、博士候補一七七九名を擁した。

第一総局——対外諜報

KGB第一総局は、対外諜報、つまり外国での諜報活動を担当した。一九六〇年代で一万人の職員を抱えた巨大組織であり、世界中のソ連大使館・通商代表部で外交官として活動するKGB将校「レジデント」の管理（一一の地域部）に加え、世界中で国籍を偽って課報活動を行う「イリーガル」将校の養成や管理（S局）、科学技術情報の収集（T局）、外国の情報機関への浸透（K局）、陰謀論や捏造レターを使う偽情報やアクティブメジャーズ（A局）などを主要な任務とした。冷戦期は、米国を「主敵」と定義し、対米工作活動に力を入れたが、ソ連崩壊後のロシア情報機関も、この呼び方を「主要な標的」に変えただけで、米国を引き続き最大の敵とみなしている。NATO諸国や日本に加え、西側にも東側にも属さない「第三世界」のアジア、アフリカ、中南米もターゲットにしていた。

ソ連の対外課報の活動のなかでも、「イリーガル」課報員は長い歴史を持つ。一九二二年のソ連創設時、ボリシェヴィキの国家を承認して外交関係を樹立する国が少なかったため、ソ連外交官としての課報員（リーガル）よりも、ソ連との関係を隠した課報員（イリーガル）が養成されたのである。最も有名なイリーガルは、東京でドイツの新聞記者として活動し、一九四一年のドイツのソ連侵攻計画をいち早くモスクワに伝え、後に逮捕・処刑されたリヒャルト・ゾルゲだろう。ゾルゲはGRUの所属だったが、「ソ連英雄」の称号を与えられ、KGBでもイリーガルの模範とされた。二〇一〇年、FBIは米国内で課報活動に従事していた一二名のロシアのイリーガルを逮捕した。この中には一九九〇年代のエリツィン政権期に米国人やカナダ人になりすまして米国に潜入した二組の夫婦のほか、一九八〇年代前半にペルー人としてペルー人妻とともに米国に移住した第一総局S局課報員までいた。イリーガルの夫婦はFBIに正体がバレないように、子どもの前でもロシア語を一切使わなかったという。二〇一七年、プーチンはプライベートな人生を犠牲にしてまで祖国に奉仕するイリーガル諜報員を「特別な人々」と呼び、称賛している。

しかし第一総局の活動の舞台は外国だけではない。西側諸国がソ連の諜報活動に対する監視能力を強化した一九七〇年代以降、KGBが力を入れたのは、西側防諜機関の目が行き届かないソ連に滞在する外国人に対するリクルートや諜報活動であった。これは、「ソ連領からの諜報」と呼ばれ、KGB第一総局は地方局第一課のほか、外国と接点のある外務省、外国貿易省や各共和国・州の外国関連部署に密かに諜報部を設け、現役予備将校として「ソ連領からの諜報」を担当するRT局のチェキストを送り込んだ。

第一総局は「対外防諜」と呼ばれる攻撃的な防諜も担当した。チェキストは、西側の情報機関はソ連や社会主義陣営に潜入するだけでなく、外国を訪問するソ連の外交団や一般人を標的にしていると想定するので、敵の諜報活動の摘発（防諜）は、国内ではなく外国でも行わなければならない。一九五〇年代半ばには、第一総局一五局（のちのK局）が、ソ連の外交団や旅行者が敵対国の諜報機関に利用されないように対外防諜に従事した。一九六八年のアンドロポフKGB議長の内部報告によれば、一年間でソ連の代表団や旅行団に紛れて三七八名のKGB将校、二二〇〇名のエージェント、四四〇〇名の「信頼できる者」が西側諸国を訪問した。

また、KGBは、ソ連国内の反体制活動は元をたどれば資本主義国に根源があると考え、K局が西側の情報機関やソ連亡命者団体にエージェントを潜入させた。英国MI6や米国CIAの協力者をKGBに暴露し、それぞれの情報機関に大打撃を与えたジョージ・ブレイク（一九六一年逮捕）、オルドリッチ・エイムズ（一九九四年逮捕）は、このK局によるリクルートである。

第一総局には、海外ゲリラ組織への支援や要人の暗殺などの汚れ仕事を行う部署もあった。一九五九年、ミュンヘンに亡命していたウクライナ独立運動の指導者ステパン・バンデラを暗殺したのは、第一総局V部（のちに第一三部に改称）がリクルートしたウクライナ人の言語大学生ボフダン・スタシンスキーであった。病死に見せかけるため、KGBが開発した毒物を体内に注入する特殊なシリンダー銃が使用された。同時に、KGBは、バンデラ暗殺の黒幕は対ナチス協力の秘密を握られた西独政治家である、という偽情報キャンペーンも展開した。

KGBが海外で実行する暗殺は、ソ連共産党トップ（バンデラ暗殺はフルシチョフ第一書記）の裁可を必要とした。現在のロシアが行う暗殺も同じである。FSB内部の汚職を暴露した元FSB将校アレクサンドル・リトヴィネンコは、二〇〇六年に亡命先のロンドンで放射性物質ポロニウムによって暗殺された。死亡前にリトヴィネンコ自身が証言したとおり、この暗殺はプーチンの指示以外にあり得ない。暴走した情報機関が勝手に行ったという説は、プ

エフゲニー・プリマコフ
(1929〜2015年)

ーチンの関与を曖昧にするための偽情報である。
ＫＧＢの中央部局の中で第一総局だけは、モスクワのルビャンカ広場ではなく、郊外に近いヤスネヴォ地区にあり、チェキストは「森」と呼んだ。一般的に、第一総局には、高学歴で外国語能力に秀でて、政治的な信頼性を満たす者が採用されたこと、外国勤務という特権を享受していたことから、エリートとみなされ、保守的なＫＧＢの中で「欧米かぶれ」が多いと言われている。

一九九一年の反ゴルバチョフ・クーデター失敗後、ＫＧＢ第一総局長に外部からエフゲニー・プリマコフ世界経済国際関係研究所（ＩＭＥＭＯ）所長が登用された。プリマコフは、プラウダ紙の記者であったが、パレスチナ指導者への資金運びなど中東諸国での機微な工作活動に活躍したＫＧＢエージェント「マクシム」（コードネーム）であった。ソ連崩壊後、第一総局はロシア対外諜報庁（ＳＶＲ）として独立するが、初代長官には引き続きプリマコフが任命された（プリマコフは、その後エリツィン政権下で外相や首相を歴任した）。ＳＶＲは、第一総局の「森」庁舎を受け継いだが、ソ連からロシアになって国の人口は半減したにもかかわらず、衛星写真を見ると庁舎は二倍に拡大していることから、ＫＧＢ時代より活動を広げているのではないかと推測されている。

ＳＶＲ職員は約一万～一・五万人と見積もられ、その四分の一は海外駐在である。その多くは、ロシア大使館内のＳＶＲレジデンス（海外駐在所）に外交官として勤務する。レジデンスの仕事は、ＫＧＢ時代とほぼ同様、政治諜報（ＰＲ）、科学技術諜報（ＮＴＲ）、経済諜報（ＥＲ）、イリーガル諜報（ＩＲ）、対外防諜（ＫＲ）、「支援措置」と呼ばれるアクティブメジャーズ（ＭＳ）などのラインに分かれる。

二〇〇〇年、プーチンも出席したソ連対外諜報機関創設八〇周年記念行事では、八月クーデターの首謀者として逮捕されたクリュチコフ元ＫＧＢ議長を始め、歴代のＫＧＢ、ＳＶＲ幹部が招待されたが、招待リストに最後のＫＧＢ議長で改革派のヴァジム・バカチンの名前はなかった。

第二総局――防諜

第二総局は、国内防諜を担当し、ソ連人、ソ連に居住する外国人、外国からの旅行者や留学生に対する監視や工作を行った。部署の約半数は、担当地域別に分かれ、外交官への工作・妨害を担当した。例えば、第一部（米国・中南米担当）は、部長一名、次長二名、五〇名の要員の他、エージェントを徴募・管理する将校（ハンドラー）、現役予備将校、外部監視（第七局）から派遣された三〇〇名の専属監視要員を有した。在ソ連米国大使館から数百メートル離れたところに倉庫としてカモフラージュした五階建ての事務所を所有したほか、米国人を罠に嵌《は》めるため、一般のロシア人家庭を偽装したアパートも所有していた。

第二総局で最大の部署は、外国からの短期訪問者を担当する第七部だ。一九七〇年代は、モスクワだけで一〇〇名のチェキストが勤務し、一六〇〇名の協力者がいた。協力者のほとんどは短期訪問者と接するソ連の著名な芸術家や学者だったが、モスクワにオフィスを持つ外国の航空会社・企業で働く外国人は、訪問者から警戒されないため、KGBエージェントとして重宝したという。第七部は、さらに計六つの班に分かれ、第一班は米国、英国、カナダからの旅行者、第二班はその他の国の旅行者を担当した。第三班は外国人が利用するホテルやレストラン、第四班は外国人のソ連旅行を手配する国営旅行社「インツーリスト」を管理した。第五班は外国人旅行者とソ連人との計画外の接触の監視、第六班はモーテル、キャンプ場、ガソリンスタンド、駐車場等に監視要員を配置したほか、ソ連をトランジットする外国人も監視した。

第一〇部は、ソ連駐在の外国人記者を監視・リクルートした。ソ連寄りの記事を書く記者は取材先の手配などで厚遇し、逆に反ソ的傾向のある記者がソ連の知識人に近づかないように妨害した。また、第一〇部は、ソ連外務省の外交団サービス部にチェキストを派遣していた。モスクワに勤務する外交官は、ソ連官僚との面談や旅行の計画から、アパートの不具合を直す修理工の手配まで外交団サービス部に電話しなければならなかったが、これはKGB

に電話するのと同義であった。

訪ソする同郷人やモスクワの自国大使館と交流の機会がある外国人留学生も第二総局のリクルートの対象となった。ソ連時代は、留学生の親や親族が、資本主義国であれば共産党、アジア・アフリカ・中南米諸国であれば民族独立運動の関係者であることが多く、留学生から各国の内部事情が入手できることも背景にあった。

第二総局は、ソ連崩壊後、ＦＳＢの第一局防諜作戦部として存続している。他方で、ＦＳＢ第一局全体としてはＫＧＢの第二総局時代とは、異なる機能も見え始めている。ひとつは、暗殺である。ウクライナ保安庁（ＳＢＵ）は、二〇一七年に同庁やウクライナ国防省情報総局（ＧＵＲ）の複数の職員が暗殺された事件は、FSB第一局による犯行であるとの見方を示している。もうひとつの違いは、ハッカーの活用である。FSB第一局の編制下には、ＩＴ犯罪やハッカーの取り締まりにあたる情報セキュリティセンターが入る。同センターは、検挙したハッカーを国内の権力闘争や西側諸国へのサイバー攻撃の協力者として利用する。例えば、二〇一三年末にプーチンの新年演説の原稿をハッキングしたハッカー集団「シャルタイ・ボルタイ」は、二〇一五年にはＦＳＢの指示でロシア国防省建設局のメールをハッキングし、同省内の汚職を暴露した。

第三総局――軍を服従させる

革命を成功させたボリシェヴィキは自らの軍隊を労働者農民赤軍と命名した。しかし、労働者と農民だけで軍が編成できるはずはない。実際の部隊の指導は、元帝政ロシア軍将校に委ねざるを得なかった。しかし、これらの者は、いつ白軍に寝返るとも分からない。そこで、軍人を監視するために設けられたのが、チェーカーの「特別部」である。その規模は、チェーカー全予算の三分の一が充てられるほどで、軍人に対する逮捕権だけでなく、戒厳令の下では裁判なしで処刑する権限も与えられていた。第二次大戦の独ソ戦の最中は、特別部はスターリン直属とされ、「スパイに死を!」を意味する「スメルシ」に改称された。スメルシは、軍内部のスパイ摘発、脱走兵の取り締まり、帰還兵の監視まで行い、味方からも恐れられた。また、ナチスドイツに対抗するパルチザン活動への支援も行った。ロシアのKGB研究者ニキータ・ペトロフによれば、第二次大戦中、スメルシは約七〇万の人々を逮捕し、そのうち七万人を処刑した。戦後、スメルシは国家保安省に吸収されたが、その悪名の高さゆえに、小説『007 ロシアより愛をこめて』シリーズでジェームズ・ボンドの敵として登場する。

スメルシを事実上引き継いだKGBは、軍の内部で防諜活動を行う巨大な第三総局を持ち、参謀本部から駐屯地、原子力潜水艦に至るまでチェキストを潜入させ、情報漏洩やスパイ行為を監視した。第三総局は、軍高官から兵卒、軍属まで、エージェントや情報提供者としてリクルートし、内部の不穏な動きや規律の乱れを密告させ、予防措置を講じた。一説によれば、軍内部における情報提供者の割合は、第二次大戦中の一二％をピークとして低下したが、狙撃中隊では三％、戦車、ミサイル、防空、空挺の各部隊ではさらに高く、特に空軍の中には多くの情報提供者がいた。このように軍の防諜活動を外部組織が行うのは、世界的にも珍しく、ソ連・ロシアの保安機関の特徴の一つである。

ソ連軍参謀本部情報総局（GRU。ソ連崩壊後のロシア連邦軍参謀本部情報総局も同じ略称）は、西側の軍事技術情報の取得を目的とする点でKGBの対外諜報部門とライバル関係にあった。革命後、士気の低い革命派の部隊を赤軍に再編成したのは、トロツキーであった。トロツキーは、第一次大戦中に英国情報機関の助言を得て、のちにGRUと略称される赤軍参謀本部第四局、すなわち軍の情報部門を設立した。チェーカーを指揮していたジェルジンスキーはこれを警戒し、GRUには権限を分け与えず、逆にGRU内部にチェキストを送り込んだ（その反対にGRUがチェーカーに人員を送り込むことは認められなかった）。KGB第三総局は、軍の中でも西側関係者との接触機会が特に多いGRUを特別な監視下に置き、一九六二年のオレグ・ペンコフスキー大佐の他、何名ものGRU将校をスパイ容疑で逮捕した。

また、KGB特別部は、その所掌が一般的な防諜活動の枠を超えていることにも特徴がある。核開発自体がNKVDのベリヤの指導下で進められたことは知られているが、一九六〇年代、核弾頭の管理や輸送に責任を負ったのもKGB特別部だったと言われている。その後、核弾頭の物理的管理はKGBの直接の責任ではなくなったが、核関連の施設や計画は引き続き特別部の監視下に置かれ、軍から独立した指揮系統で実質的に核の使用に対し統制をきかせることもできたとみられている。

ソ連崩壊後、FSB第一局軍防諜部は、六〇〇〇以上の部署から成る巨大な第三総局をそのまま受け継いだ。例えば、二〇一八年に亡命先の英国で化学兵器ノビチョクによる暗殺未遂のあったセルゲイ・スクリパリ元GRU大佐の軍事機密漏洩事件を捜査したのもFSB軍防諜部である。ソ連末期から、軍防諜のリクルート対象は駐屯地を越え、軍務と関係のない一般人にも及んだ。また、元KGB職員によれば、横領や新兵虐待を行った兵士に対し、その犯罪行為を弱みとして使い、リクルートする手法も用いられていたという。二〇一三年、FSBの広報誌で元軍防諜幹部は、ソ連崩壊後も外国の諜報機関は、ロシア国内で活動する外国NGO等の合法的手段を用いてロシア軍に対する諜報活動を行っていると主張した。また、重要な軍産企業の乗っ取りや倒産の背後には外国の資本や情報機関がいるとも述べた。チェキズムは国内で起こるあらゆる否定的現象に外国スパイの影を見る。

第五局——思想警察

一九五六年に駐ハンガリー・ソ連大使だったアンドロポフは、ハンガリー国民による反ソ蜂起を目の当たりにしたショックから、ソ連国内の反体制派を徹底的に取り締まる必要性を痛感したと言われる（「ハンガリー・コンプレックス」と呼ばれる）。一九六七年、ＫＧＢ議長に就任したアンドロポフは、冷戦での西側の狙いは、知識人を通じてソ連に有害思想を持ち込み、思想面からソ連を瓦解させることだと考えた。この西側の「思想サボタージュ（破壊工作）」に対抗するため、国内防課の第二総局から分離して、第五局が立ち上げられた。第五局は、英国の作家ジョージ・オーウェルが一九四九年に発表した小説『一九八四年』で描く「思想警察」に似ている。アンドロポフは、西側の思想の流入を厳冬期の河川の流木に滞留する流氷に喩え、滞留が起こってから流氷を発破するのではなく、潜在的な流木を取り除かねばならないと説いた。ＫＧＢがこの「流木除去」をいかに重要視していたかは、それを担当する第五課の要員数が一般防課の第二課を超えてしまったことに表れている。ウクライナＫＧＢでは、第二総局に対応する第二課が八〇名だったのに対し、第五課（第五局に対応）はその倍の一五五名の将校を抱えていた。一九七六年、当時三四歳だった反体制活動家のウラジーミル・ブコフスキーは、精神科病院への反体制派の収容の実態を暴露して逮捕され、ソ連を追放された。アンドロポフは、ブコフスキーのような「流木」を国外に追放すれば問題が収まると考えたのである。ＫＧＢによる思想サボタージュへの警戒の度合いは並々ならぬものがあり、一九八〇年に、ＫＧＢは、ソ連の学生が同年米国ニューヨークで殺害されたジョン・レノンの追悼集会を企画していることを察知すると、その対応をソ連の最高意思決定機関である政治局にまで報告した。

この第五局は、「反体制派ハンター」の異名をとるフィリップ・ボブコフによって長年統括され、発足当初は監視対象ごとに学者、作家、建築家、演劇家（第一部）、海外の亡命・民族主義組織（第二部）、大学（第三部）、宗教団体（第四部）、反ソビエト匿名宣伝（第五部）等に分かれた。また、作家同盟や芸術家同盟の幹部に作家や芸術家の肩書を持つチェキスト（現役予備将校）を配置し、監視に当たらせた。第五局の活動範囲は年々拡大し、一九八三年にはスポーツ協会「ディナモ」を専門に担当する第一五部が設置された。また、第一三部は若者の非公式組織（「ニフォルマル」と呼ばれた）を管理するため、ミュージシャンや作家の集まる団体の結成をお膳立てした。「キノー」や「アクアリウム」などの人気グループを輩出したレニングラード・ロック・クラブもKGBによって創設された。アンダーグラウンドの文学同好会「クラブ81」の監視は、プーチンの盟友として後にFSB（第一）副長官となるヴィクトル・チェルケソフが担当した。

一九六八年、チェコスロバキアの改革運動「プラハの春」はソ連を中心とするワルシャワ条約機構軍に弾圧されたが、ここで学生が運動の原動力となったのを見たKGBは、同じことがソ連で繰り返される可能性を懸念し、コムソモール（党青年組織）や大学の実施する調査を信用せず、自ら世論調査に着手した。チェキストは、地元新聞の記者を名乗るなど身分を偽り、学生に対する聞き取り調査を行った。このような調査は、思想サボタージュ対策に従事する第五局に有益なデータをもたらした。また、KGBのイニシアティブにより、一九七〇年にソ連科学アカデミー社会学研究所に応用研究課が密かに設置され、西側のラジオ放送を聴くソ連人リスナー等について調査が実施された。

ゴルバチョフ期の民主化の波の中、第五局は自らのイメージ改善のため、名称を「ソビエト憲法体制護持局」（通称Z局）に変更したが、実際には、第五局時代と同じ手法で反体制派や隆盛しつつあったナショナリズムの取り締まりにあたった。二〇〇〇年三月の大統領選の数週間前にプーチンの選挙対策本部が出版した自伝『プーチン、自らを語る』で、プーチンはわざわざ「第一総局」の名前を出して自らがエリート対外課報員であるかのように語り、反体制派の取り締まりには関与していないと述べた。しかし複数の関係者が、プーチンは東独ドレスデンに一時的に派遣されたことはあったものの、KGB時代のキャリアの大部分はレニングラード局で民主活動家を監視する第五課の防諜員であったと証言している。

この第五課チェキストとしてのプーチンの本質はほどなくして現れた。ソ連崩壊に伴い、公式にはZ局は廃止が発表された。しかし、一九九〇年代末、プーチンFSB長官の下、憲法体制護持・テロ対策局、通称「第二局」として復活した。アンドロポフの「ハンガリー・コンプレックス」と同じように、ベルリンの壁崩壊を見たプーチンは、体制に立ち向かう民衆の背後には西側の干渉があると考えたからである。FSB第二局は、KGB第五局と同じで、潜在的に反体制活動に従事する惧《おそ》れのある政治団体、民族運動、学術・文化機関、宗教団体に対し、監視・予防的措置（プラフィラクティカ）を実施し、文化省、保健省、教育省、さまざまなNGOの活動を統制している。また、「テロ対策」を看板に掲げるものの、二〇一七年のサンクトペテルブルクの地下鉄爆破テロを未然に防げず、逆に反体制派に対するテロを実行している。英国の調査機関ベリングキャットによれば、化学兵器ノビチョクが使われた反体制派アレクセイ・ナワリヌイ暗殺未遂事件にも第二局の職員が関与した。

第六局——経済防諜

第六局は、経済防諜と呼ばれ、ソ連企業内の保安を担当した。ソ連の保安機関と経済のつながりはチェーカー創設期まで遡る。一九二〇年代、ネップにより市場経済的要素が部分的に許可されると、ネップマンと呼ばれる事業家が台頭した。チェーカーの後を継いだGPUは、これらネップマンの賄賂や汚職、「経済的反革命」を取り締まりの対象とした。一九二四年には、ジェルジンスキーが、国家経済最高会議議長に任命され、ソ連の産業を監督する同組織の幹部にチェーカー関係者を配置した。

一九八〇年代初期、ソ連経済が悪化し、西側との技術格差が広がり始めると、KGB議長から共産党書記長に昇りつめたアンドロポフは、ソ連経済の困難や成長の鈍化は、技術革新を秘匿している西側の対ソ「経済サボタージュ（破壊工作）」のせいであると非難した。このような世界観から、KGBは、防諜一般（第二総局）から切り離して運輸部門（第四局）及び経済部門（第六局）の防諜専門部署を設置した。一九八三年までにKGBの全ての地方支部に経済を担当する第六課が置かれた。また、ペレストロイカ期の経済自由化により、民間企業活動に近い協同組合（コオペラティブ）や外国との直接貿易が許可され、ソ連と西側の合弁企業が設立されると、第六局は、外国との経済・科学技術協力に関与するほぼ全ての省庁及び六〇〇〇の企業、数万の科学者に対し、防諜対策を講じた。

運輸を担当する第四局は、鉄道、航空機といった輸送手段の安全だけでなく、ソ連の民間商船団（モルフロート）や航空会社（アエロフロート）、国営運送会社等を通して、ソ連人及び外国人を監視・リクルートし、その工作の地理的範囲はカナダのバンクーバー、南アフリカのケープタウン、チリのバルパライソにまで及んだ。

3　エージェント――チェキストの「見えない相棒」

KGBエージェント

KGBの力が最大化されるのは、チェキストの分身ともいえる協力者「エージェント」の存在があってこそである。ペレストロイカ期、チェブリコフKGB議長は、KGB内部の会議で、将来にわたってエージェントこそがチェキストの「主要な武器」であると演説した。

エージェントを家族同様に大切にする姿勢は、帝政ロシアに遡る。革命家の間にもエージェント網を築いた秘密警察オフラナのセルゲイ・ズバートフは、情報将校は、エージェントの父や母に代わる存在とならなければいけない、と説いた。ソ連崩壊の二年前、一九八九年春のルビャンカでの秘密会議において、クリュチコフKGB議長は、グラースノスチ（情報公開）の下で公開を求める声が出ていたKGBアーカイブの問題について触れ、KGBとの協力関係の露見を懸念するエージェントとその家族に対する「最大限の配慮」はチェキストの義務であると説いた（最終的にチェキストはアーカイブの公開を阻止した）。

プーチンの振る舞いには、チェキストのエージェント哲学が反映されている。プーチンは、長年、ヴィクトル・メドヴェチューク元ウクライナ大統領府長官（メドヴェチュークの末娘の洗礼にはプーチンが立ち会った）を半公然のエージェントとして使い、ウクライナ内政に介入してきた。二〇二二年二月のロシア軍の全面侵攻後に逃亡を図ったメドヴェチュークは、ウクライナ保安庁に逮捕されるが、九月に捕虜交換によってロシア側に引き渡された。単純計算するとメドヴェチューク一人がウクライナ軍人捕虜約一六〇名に相当した。ロシアの内部からはメドヴェチュークの価値を疑問視する声があったが、プーチンがいかに自らのエージェントを大事にするかを示すエピソードである。

KGB将校によってリクルートされたエージェントは、彼らに代わってさまざまな任務を秘密裡に遂行する。KGBの防諜事典の定義では、エージェントとは「ソ連の利益のためにKGBの秘密の指示を実行することに自発的に（ときには強制されて）同意し、かつその協力の事実や与えられる指示の性格を秘密にすることを誓約した者」である。KGBは、思想に基づく説得以外に、セックスや汚職絡みの弱み（コンプロマット）を利用したり、金銭、地位、勲章などさまざまな方法や報酬でエージェントをリクルートした。ソ連国民だけでなく、外国人もエージェントとしてリクルートされたが、ソ連共産党、政府、コムソモール関係者や外国の共産党関係者は原則的にリクルート対象外とされた。

一人前のKGB将校であれば、自らの耳目、手足となるエージェントを複数抱えていた。このようなエージェント使いを英語ではハンドラーやケースオフィサーと呼ぶ。反体制派を取り締まる第五課では、ハンドラー一名につき平均で一〇〜一二名、多い場合は四〇名のエージェントを抱えた。エージェントとの協力関係は、厳に秘密とされ、チェキストはエージェントが的確に任務を遂行できるように、時間をかけてエージェントを養成・教育し、任務が行われる状況、敵の防諜機関の手法、KGBとの連絡手段、行動における注意点を細かくブリーフィングした。

エージェントには活動内容に応じて二〇種類以上の分類がある。例えば、徴募エージェントは、KGBの作戦に必要なエージェントをリクルートすることに特化したエージェントで、特に外国人をリクルートする際に活躍した。極めて機微な任務であるため、情勢に通じ、経験豊かな者が採用された。戦闘エージェントは、武器や爆薬を使い、敵の殺害等の特殊な課題を実行した。危険な任務なので、リスクを顧みない性格が重視された。一九四〇〜五〇年代のウクライナ西部やバルト諸国では、NKVDは反ソ地下組織の内部から戦闘エージェントをリクルートした。また、対外諜報では、標的国の政策や世論に影響を及ぼす「インフルエンス・エージェント」(一二二頁)という防諜にはないカテゴリがある。

KGB捜査官が、逮捕・勾留中の被疑者のもとに送り込む監房内エージェントは、被疑者が同じ房内の仲間に気を許して取調室では話さないことを話すという心理に注目している(これは現在のロシアでも使われているので拘置所に入ることがあったら気をつけた方がよい)。自白により刑が確定した者や同じように勾留中の被疑者の中から選抜されたが、特に重要な事案はKGB職員自ら被疑者に扮して監房に入ることもあった。

エージェントの分類はあくまで任務の種類に応じた便宜的なものであり、実際には複数の任務を同時にこなすエージェントもいた。例えば、本章1で触れたトロツキーを暗殺したメルカデルは、当初はトロツキーの住む屋敷内部の情報を収集するエージェントだったが、NKVDが組織した武装集団による強襲の失敗後、戦闘エージェントとしての任務を託された。

エージェントは人間である以上、リクルートに成功したらそれでおしまいではなく、ハンドラーによる教育を必要とした。KGBの教本は、教育が失敗した例として、警戒対象のウクライナ民族主義者と同じアパートに住む若いウクライナ人をリクルートした事例に触れている。KGBのハンドラーは、この「政治的に未熟な」エージェントから監視対象の民族主義者の動静について報告を受けるだけで、民族主義の「有害性」を教育しなかった。するとしばらくして、この若いエージェントがプラウダ紙編集部に匿名で反ソ連の詩を投稿したことが明らかとなった。つまり、「エージェントに対する監視対象者の影響がハンドラーの影響を上回った」のである。この事件からKGBは、敵対的環境下で活動するエージェントは敵の影響に対して脆弱であるという教訓を引き出し、エージェントに対する継続的な教育の必要性が認識されるようになった。また、宗教の信者をリクルートする際は、信仰心を逆なでしないように気をつけ、教義の矛盾をつくように指導した。こうした宗教担当のハンドラーには、政治・哲学の相当な知識が要求された。

KGBは、特別な功績が認められたエージェントに対しては、KGBとの協力関係が露呈しないよう細心の注意を払いつつ、エージェントの本来の職場での昇進や福利厚生、年金を手当した。殉職したエージェントの家族には遺族年金を支払った。また、KGBとの長年の協力実績があるエージェントは、KGBへの就職が斡旋されたり、将校の階級が授与されたりすることもあった。

KGBエージェントの実態も国家機密であるが、ソ連崩壊後に秘密解除された一九六八年のアンドロポフKGB議長の報告によれば、KGBは一年間で二・五万人のエージェントを新たにリクルートしていた（うち外国人は二一八人）。これが全エージェント数の一五％とされていることから、逆算してソ連全体で当時約一七万人のエージェントがいたことが分かる。これは、ソ連の当時の人口二億三〇〇〇万人の〇・〇七％程度に相当する。またKGBアーカイブから、ソ連崩壊直前のウクライナには七万人（人口約五〇〇〇万人の〇・一四％）、エストニアには最大三〇〇〇人（人口一五〇万人の〇・二％）、ラトビアには四五〇〇人（人口二七〇万人の〇・一七％）のエージェントが登録されていたことが判明した。ソ連全体の平均に比べ、ウクライナやバルト三国のエージェントの比率が高いのは、KGB第五局がナショナリズムの強いこれらの国に重点的にエージェント網を築いたからであると推察される。いずれにせよここで重要なのは、全体主義体制を成立させるエージェントの数は、人口比〇・一～〇・二％程度に過ぎないという事実である。

外国人のリクルート

KGBは対外諜報エージェントをソ連人と外国人に分けている。ソ連人は、愛国心を基準にリクルートされ、国内外でKGBの極秘の指令を遂行し、守秘義務を負う。一方、外国人は、チェキストまたは（徴募）エージェントによって、「思想・政治、金銭、道徳・心理的基盤に基づき、ソ連の名の下または偽旗《にせはた》で、秘密の協力関係に引き込まれ、体系的かつ秘密裡にその指示を遂行する外国人」とされた。「偽旗」とは、ソ連やKGBのためだとは思わせずに、対象の外国人の協力を得るということである。ただし、極めて重要な場合には、ソ連国内で、第一総局の職員がKGBであることを隠さずにリクルートを行った。

KGBの教本は、リクルートの際、ソ連の課報機関への協力というリスクを伴う重大な決断を迫られる外国人が心理的に動揺することを指摘し、KGBがリクルート対象者の身の安全を第一に考えていることを強調して安心させるよう指導している。また、リクルートの懇談は、ソ連国内であれば、レストランやホテル、あるいは密会用アパートが利用されたが、対象者が同じ国の出身者に目撃されないように慎重に場所が選ばれた。人目を忍び、モスクワではなく、地方都市に誘い出すこともしばしばあった。

ソ連国内での派遣先組織を通じて外国人エージェントと自然に面会できる場合は、それを隠す必要はなかった。例えば、モスクワで外国の外交官として働くKGBエージェントがソ連外務省の職員をカバー（偽の肩書）とするチェキストを訪問することは、日常業務の範囲内であり、当該外交官の出身国の防諜機関の注意を引かなかった。他方、第一総局の職員が直接管理するエージェントとの面談は、密会用アパートの確保など厳重な秘密保全対策が取られた。また、チェキストやソ連人エージェントが、海外在住のエージェントと会う必要があるときは、第三国で密会したり、外国人エージェントの居住する国のKGB駐在所と協力し、居住国で開催される学術会議への参加やソ連の公式代表団のメンバーとしての訪問など、チェキスト及びエージェントの双方が真の面会目的を隠すため「レゲンダ（伝説）」と呼ばれる手の込んだ偽装工作を行った。

スターリンの死後、ソ連と西側との科学技術・教育・文化交流が再開された一九六〇年頃には、KGB内部で、「ソ連に親近感を持ち、その現実を自分の目で見て確かめ、ソ連の業績を個人的に学びたいという多くの外国人がいる」ことが指摘された。また、「積極的な政治的感化」の成功事例として「ブルジョア・プロパガンダで教育され、ソ連国民の生活について多くの誤解を持っていた外国人のなかにはソ連訪問の後に自らの信念を変え、ソ連やソ連人に対して尊敬の念を持つようになった」者がいることが報告された。対ソ親近感を持つ「進歩的」外国人にチェキストが偽の肩書で巧みに近づけば、「彼らは積極的に政治・経済・科学技術情報を共有」したのである。一方、これらの外国人をエージェントとしてリクルートするかは慎重な検討を要した。当該外国人の社会的地位や出身国の状況から、チェキストやソ連人エージェントが信頼関係を築くだけにとどめておくことで十分な場合もあった（「信頼できる者」〔五〇頁〕参照）。エージェントとしてリクルートするのは、重要な文書や人物にアクセスできたり、KGBにとって極めて利用価値が高い場合である。例えば、一九七〇年代にモスクワでKGBのハニートラップにかかってリクルートされた日本外務省の電信担当官「ナザル」（コードネーム）は、日米間の外交公電だけでなく、暗号資料までKGBのハンドラーに渡していた。KGBにはエージェントの調達や利用について煩雑ともいえるほど細かな規定があり、各段階でハンドラーは上司の決裁を仰がねばならなかった。ソ連崩壊後のFSBではこうした手続きが簡略化されたと考えられている。

スターリン下の「通報者」

革命期のチェーカーでは、大部分の協力者は「通報者」と呼ばれた。通報者は、非公然の協力者として、企業、学校、交通機関、集団農場等を内部から監視した。スターリンの大粛清は、罪の捏造に加え、密告に基づき実行されたが、チェーカーに告げ口をする者という軽蔑的な意味で、通報者は庶民の間で「ストゥカチ（密告者）」とも呼ばれた。通報者のネットワークは肥大化し、スターリン期末期の一九五〇年代初期には、ソ連全体で一五〇万人に達した（もっとも多い時期には、一ヵ月に二万人がリクルートされた）。これは、すでに現実的に管理できるレベルを超えていた。チェキストは、選別もせず、ソ連への帰国者や元戦争捕虜などをむやみやたらにエージェントや通報者としてリクルートした。当然、そのようにリクルートされた者たちの多くは、個人の職歴や性格から、敵の深部に潜り込むには不適格な者が多く含まれた。また、リクルートされた者に対する教育もろくに行われなかったため、中にはチェキストとの非公然の協力関係を誤って履歴書に書く者やチェキストの威光を個人的目的に悪用する者まで出てきた。

このため、一九五二年に「通報者」は廃止され、エージェントについても反ソ地下闘争が続いていたウクライナ、ベラルーシ及びバルト三国、英米の情報機関が反ソ活動を展開していると疑われていたトルコ、イラン、アフガニスタン、フィンランドとの国境地帯など、真に必要な地域を除き、削減の対象となった。その結果、協力者のネットワークは、三割減の一〇五万人にまで縮小され、維持されたエージェント網についてもその利用価値や教育の必要性が再検討された。一九六〇年頃のエストニアＫＧＢの報告によれば、ＫＧＢ本部はソ連各地の支部に対し、過去から蓄積された事件ファイルを再点検し、エージェント数を減らすよう指示を出した。これを受け、エストニアKGBは、過去の反ソ行為を反省している政治犯を、エージェントを使う厳重な監視対象から簡易な観察対象に移した。このような業務簡素化により、エージェントの数は減った。しかし一方で次に述べる「信頼できる者」が増えることになる。

半公然の協力者「信頼できる者」

エージェントよりも秘密度の低いKGBの協力者として、「信頼できる者（doverennoe litso）」というカテゴリがある。「信頼できる者」は、ハンドラーの要請に基づき、注意が必要な人物や事件について通報し、軽微な指示を実行した。スターリン時代の「通報者」とも似ているが、フルシチョフ期以降は、チェキストと労働者大衆の新たな協力関係のあり方として賛美され、書面や口頭の合意ではなく、信頼関係に基づく、自発的な協力とされた。「信頼できる者」にはソ連の愛国者が選ばれ、KGBハンドラーとの関係や指示の実態は秘密とされた。他方、エージェントとは異なり、ハンドラーとの接触は必ずしも人目を避ける必要はなく、半公然の協力関係とされた。例えば、運輸担当のチェキストは、ターミナル駅だけでなく全ての駅や車輌に、駅員、案内所職員、切符売り子として「信頼できる者」を配置していた。さらに、待合室、食堂、郵便窓口などにも「信頼できる者」を置き、勤務シフトも考慮して全ての時間帯に抜けがないように完璧を期すチェキストもいた。これらの協力者は、列車の安全運行に関わる技術的不具合や鉄道員の規則違反だけでなく、駅付近の住人や鉄道員の中の反ソ的傾向をチェキストに通報した。例えば、ある「信頼できる者」は、駅のホームで米国人と会話を交わした女性を尾行し、その住所をKGBに報告した。「信頼できる者」は外国人の監視に役立ち、より複雑な任務を実行するエージェントの仕事を軽減させた。ほとんど事件のない辺鄙《へんぴ》な田舎では、大規模なエージェント網を維持する意味はなかったので、エージェントは「信頼できる者」に置き換えられた。一方で、「信頼できる者」には守秘義務はなかったため、KGBの要警戒人物と仲が良い場合、KGBが同人に関心を持っていることを告げ口するリスクもあった。

エージェントと「信頼できる者」を使った外国人監視の一例を挙げよう。外国人に対してはソ連へ向かう飛行機（アエロフロート航空）に搭乗したときから監視が始まる。乗務員の中にエージェントまたは「信頼できる者」がいるからだ。例えば、アエロフロート女性乗務員でKGBエージェントのコードネーム「メリニコヴァ」は、流暢なロシア語で税関申告書の記入方法を尋ねてきた米国人旅行者に対し、「ロシア語がお上手ですね。どこで勉強したんですか」と返した。米国人がこの質問に答えず、他の話題に切り替えたことに「メリニコヴァ」は疑念を持った。この「メリニコヴァ」からのシグナルをきっかけに、KGBはこの米国人の身元素性を徹底的に調査し、訪問の目的はソ連にとって好ましくない「ユダヤ人問題」であることを突き止め、必要な対策がとられた。以上は、KGB内部の雑誌で紹介された事例である。

ソ連人の「信頼できる者」に相当する外国人のカテゴリとして、「信頼ある人物（doveritel'naya svyaz'）」がある。チェキストは、このカテゴリの協力者に接触する際には、学者や記者のカバーあるいは現役予備将校としての所属組織名で接触し、本当の身分は明かさなかった。例えば、一九七〇年代の日本で、『新時代』誌記者のカバーを使い、エージェント網を築いたスタニスラフ・レフチェンコは米国への亡命後、日本を「スパイ天国」と呼び、ほとんどの協力者はレフチェンコがKGB将校であるとは気づいていなかったと証言している。「信頼ある人物」は、思想・政治的関心、金銭、または「友人関係」を基にして調達されるが、エージェントとは異なりハンドラーの依頼に自主的に応じ、KGBに対する義務は負わない。ミトロヒン・アーカイブ（七五頁）によれば、一九七〇年代末、東京のKGB駐在所は、朝日、読売、産経、東京新聞などの主要紙にエージェントを有し、政治諜報（PR）のラインは三一名のエージェントと二四名の「信頼ある人物」を抱えていた。

第2章　体制転換――なぜKGBは生き残ったか

二〇〇〇年代初期、ロシアのヴラスチ誌による調査は、ロシアの政財界で活躍する一五〇名の「元」チェキストを特定した。これは本人の公表する経歴などの公開情報に基づく数であるが、実際はこれよりも多い。というのも、情報機関とのつながりが「国家機密」とされている現役予備将校などはこの数字には含まれないからである。

エリツィンは、ソ連共産党を解体したが、KGBを解体せず、いくつかの後継機関へと分割しただけだった。チェキストは、エリツィン政権下でもクレムリンの中枢へと浸透した。なぜ誰もが分かっていたはずの秘密警察の存続を防ぐことができなかったのか。本章では、ソ連崩壊前夜のKGBのペレストロイカ、新生ロシアにおける保安機関改革の失敗、そしてプーチン・ロシアの保安機関＝マファア＝行政の三位一体に注目して、この問題を考えてみたい。

1　KGBのペレストロイカ――ソ連崩壊前夜のKGBの疑似「改革」

移行経済への浸透

一九八五年、ゴルバチョフソ連共産党書記長は、ブレジネフ期のソ連社会・経済の停滞からの脱却を目指し、「ペレストロイカ」と呼ばれる改革を提唱した。改革は、経済、政治のほか、言論の自由などあらゆる分野に及んだ。しかし、ゴルバチョフは、党の古参や軍の保守派を更迭するのとは対照的にKGBの内部にはメスを入れなかった。ゴルバチョフ自身が、元KGB議長のアンドロポフ書記長の庇護を受け、党のトップに就任する際にはチェブリコフKGB議長の政治的支援を得ていたからである。

一方、KGBは、独自のペレストロイカに着手していた。一九八六年五月にモスクワで開催されたKGBの年次大会にはソ連全土から幹部が集結し、ペレストロイカをテーマに議論が行われた。一九八七年二月のKGB党組織会合では、チェブリコフKGB議長は、「拡大しつつある民主化とグラースノスチ（情報公開）の状況下での仕事のやり方を学ばなければならない」と述べた。チェキスト自ら率先して自己改革を呼びかけ、幹部から末端まで旧来の思考を脱却し、市場経済や競争選挙の要素の導入、グラースノスチによる言論の制約緩和といった改革がもたらす変化に適応しようとしたのだ。しかし、問題はその中身であった。

ソ連の経済自由化に伴い、小規模な民間ビジネスが許可され、外国との貿易が徐々に開放されていったが、チェブリコフKGB議長は、先述のKGB党組織会合で、西側の情報機関がソ連企業と西側企業の間で結成された合弁企業を悪用しようとしていると警鐘を鳴らし、対外経済活動の発展と両立できる防諜体制の「抜本的なペレストロイカ」が必要であると説いた。そこで、東欧に駐留していたソ連軍が撤退すると、軍内部で防諜に従事していたチェキストは、ビジネス・貿易分野での防諜担当に配属替えされた。一九八九年四月、クリュチコフKGB議長は、チェキストが新しい民間の職業に習熟する必要性を訴え、KGB内部では経済・ビジネス専門家の養成に力が入れられ、若手には企業で研修を受けさせた。同様に、ジャーナリスト、法律家、エンジニアとしてのチェキストも多く養成された。市場経済の仕組みについて幹部研修が行われ、経済防諜を担当する第六局は、闇経済の実態を詳細に分析し、KGBの経済学者は、闇経済をなくすために多様な所有形態を認めて合法化する必要があるといったことを議論していた。

ソ連ビジネスは、企業とKGBとの二人三脚で発展した。例えば、一九八六年にKGBモスクワ支部が、この五年後に初代ロシア大統領となるモスクワ市党委員会第一書記エリツィンと合同で開催した会議では、ソ連の科学技術、軍事機密を外国スパイから守るためとして、

KGBの活動の強化が支持され、現役予備将校が西側との合弁企業に派遣された。経済防課の活動はKGB地区支部の日常業務となり、これらの全体的調整が、KGBモスクワ支部にとって優先課題の一つとなった。

経済防課の仕事とはどのようなものか。外国貿易の増加を踏まえ、第六局は新たに合弁企業を担当する第一三課を設置した。同課が外国との合弁企業に送り込んだ現役予備将校やエージェントは、ソ連企業の秘密保全に従事するだけでなく、西側パートナー企業の持つ商業秘密の獲得を狙い、ときには外国企業との契約の管理や不良品の報告など経済省庁の仕事まで担当することもあった。また、KGB地方支部は、国家機密を扱わない企業にも完璧といえるほどの防課措置を講じた。このようなKGBによる経済への過剰な浸透は、「できるだけ多くの企業、産業研究所、農業生産施設をチェキストのコントロール下に置きたいという強い欲求」の表れであるとKGB内部でも批判が出るほどであった。

しかし、それにもかかわらず、第一総局長（対外課報）からKGB議長に抜擢されたクリュチコフは、経済活動へのチェキストの関与をさらに推進した。クリュチコフは、西側企業がお人好しのソ連人を手玉に取って不利な契約条件を押しつける「経済サボタージュ」を行っていると主張し、KGBが萌芽期のソ連ビジネスを全面的に支援しなければならないと訴えた。この一環として、第六局には新たに外国との高額契約に対する「防課支援」を行う第八課が設けられた。第八課は、貿易交渉のため訪ソする外国人に対し、その出身国のKGB

海外駐在所やアエロフロート航空機内などでエージェントや盗聴機器を使って秘密裡に情報収集を行い、価格交渉を有利に運ぶための情報をソ連企業に提供した。

さらにクリュチコフは、ソ連経済のためチェキストが「さらに大きな一歩を踏み出すべきだ」とし、ＫＧＢが「非常に苦労して入手した情報をソ連経済に、より広範かつ迅速に導入する必要がある」と述べた。この言葉の意味するところは何か。ペレストロイカ以前は、ＫＧＢがソ連企業で働くエージェントを通じて西側企業から盗んだ科学技術情報は、一旦、機械、航空、造船、冶金等の各分野を所管する省庁に対し提供され、そこからソ連企業に割り当てられていた。しかし、この官僚的縦割りは非効率である。そこでこれをやめて、ＫＧＢ地方支部からソ連企業に直接情報を提供できるようにしたのである。省庁を媒介しない情報提供は、企業に所属するエージェント自身の達成感や、恩恵を受けたソ連企業とＫＧＢとの関係強化につながった。

ソ連崩壊後のロシアの情報機関も経済に深く関与している。現在のロシアでも、対外諜報法第一四条で、ロシア対外諜報庁（ＳＶＲ）から（大統領が承認した）民間企業に対する科学技術情報の提供が認められている。また、ロシア連邦保安庁（ＦＳＢ）の前身のロシア連邦防諜庁（ＦＳＫ）のニコライ・ゴルシュコ長官も、ＫＧＢ第六局の後継部門が、対外経済活動及び合弁企業の監視を引き続き行っているとインタビューで語っている。ソ連崩壊の翌一九九二年、ロシアの合弁企業の八割がＫＧＢ将校を社内に抱えていたとする報告もある。多くの現役予備将校は、民間セクターの恩恵に与《あずか》ろうと企業に残って西側とのビジネスに従事する一方、親元の保安機関とのつながりを維持した。

KGBのオフショア企業――消えた党資産

一九九一年の八月クーデター失敗後、ロシア共和国大統領エリツィンは、ソ連共産党の活動停止と資産没収を命じたが、ロシア共和国担当者はソ連共産党の金庫が空っぽであることに気づいた。それから数日後、ニコライ・クルチナ党総務局長が、七階の自宅窓から落下して死亡した（KGBはすぐに「自殺」と断定した）。一ヵ月後にはクルチナの前任者のゲオルギー・パヴロフが自宅窓から投身「自殺」し、そのさらに八日後にドミトリー・リッソヴォリク党中央委員会国際部米国担当がバルコニーから投身「自殺」した。これらの党幹部は、党の金庫番として資金の流れを知り尽くす者たちであった。

その前年、ベルリンの壁崩壊とともに解体された東独秘密警察シュタージの末路を見たクリュチコフKGB議長は、一九九〇年一二月、KGBの下部組織に対し、商業組織を立ち上げるように指示していた。万が一の時、これらの組織を党・KGBの隠れ蓑として使い、反体制派との闘争を続けるのが狙いだった。また、党幹部は、KGB第一総局が立ち上げた複数の海外企業の名義で西側の銀行に口座を開設し、ソ連崩壊の直前、九〇億ドルとも言われるソ連共産党の資産の大部分を海外に避難させたという。

例えば、一九七〇年代にソ連からイスラエル経由でカナダに移住したボリス・ビルシュテインが代表を務めKGB第一総局と関係の深い、西側最大規模の対ソ貿易会社シーベコ社もこのオペレーションに関与した。シーベコ社は、一九九一年にスイスの関連会社にコンサルタントとして党中央委員会のレオニード・ヴェセロフスキーを迎えた。しかし、ヴェセロフスキーの真の肩書は、マネーロンダリングを専門とするKGB第一総局大佐であった。ヴェセロフスキーは、「自殺」したクルチナ党総務局長の下で、管財人への信託、偽の慈善団体への寄付、株式への匿名の出資など、党の資金や資産を没収から守るスキームを考案した。リークされたシーベコ社社員とSVR職員の通話記録によれば、欧州でのオペレーションで同社は数千万ドルを受け取ったとされる。しかし、この事件は、ヴェセロフスキーがスイスから忽然と姿を消したことで迷宮入りとなった。

エリツィン政権は、のちにロシア有数の富豪となるピョートル・アーヴェン対外経済相の指揮下で、米国の調査会社「クロール・アソシエイツ」に、消えた党資金の行方を調査させた。クロール・アソシエイツ社は、ソ連高官が海外に開設した数百の個人口座を特定するが、ヴャチェスラフ・トゥルブニコフSVR第一副長官がロシア下院にクロール・アソシエイツに関する秘密報告をした後、調査は打ち切られた。一九九三年九月、ロシア最高会議幹部会が設置した調査委員会は、アーヴェン対外経済相を始めとする政府高官が汚職、恐喝、不正送金に関与していると指摘した。アーヴェンはのちに、クレムリンのマネーロンダリングで中心的役割を果たすアルファ銀行の総裁に就任する。

ソ連末期には、科学アカデミーや国家科学技術委員会の所管する研究所の職員が協同組合（コオペラティブ）を立ち上げ、コムソモールのメンバーは「青年科学技術センター」と呼ばれる一種のベンチャー企業を設立した。このベンチャーは、西側の対ソ禁輸措置により当時としては入手困難だったコンピュータをKGBの特殊ルートを使って輸入・販売して大成功を収めた。当時、このような「コムソモール・ビジネスマン」の多くは二〇代で、その中には、のちにプーチンと対立して投獄されるミハイル・ホドルコフスキーや、逆にクレムリンと妥協して三〇年以上にわたりアーヴェンとともにロシア財界に君臨するアルファ・グループ共同創始者のミハイル・フリードマンらがいた。ソ連の海外ベンチャー企業や銀行は、KGBの庇護なしに成立しえなかった。

ソ連の「民主化」――チェキストの出馬

チェキストの政治への関与は、プーチンの登場よりもはるか前に遡る。ゴルバチョフは、ペレストロイカで、経済改革の後、「デモクラティザーツィヤ」（民主化）に着手した。

KGBは、民主化の背後にも、外部勢力の干渉を見た。一九八七年二月、チェブリコフ議長は、ゴルバチョフによる選挙改革を歓迎する一方、ソ連社会の民主化が敵に利用される懸念をあらわにした。後任のクリュチコフ議長も同じで、一九八九年一二月のKGB内部の会議で、西側情報機関はソ連のペレストロイカの成功を脅威と捉え、これを全力で妨害しようとしている、と述べた。クリュチコフは、民主化やグラースノスチを「濫用」しようとする国内勢力に対して、チェキストが強制的手段に訴え、断固とした行動を取る必要性を呼びかけた。クリュチコフによれば、民主化は無制限ではなく、「法を踏みにじり、憲法的手段によらずして［共産主義とは］異なる秩序を強制しようとすることを許してはならない」のである。この発言には、チェキストの目から見た「民主主義」と体制に都合のよい法や憲法の概念が透けて見える。プーチンもこれと同じ民主主義観を持っている。

クリュチコフは、ポスト・スターリン期のKGBの標語「人民とのつながり」を復活させ、チェキストに対し、工場や集団農場に足を運んで、KGBの仕事の重要性を説明するように説いた。KGBと「人民とのつながり」の強化に関する最初の試金石となったのが、一九八九年春のソ連人民代議員大会選挙であった。このソ連初の競争的選挙には、主要な共和国のKGB議長を含む幹部一四名が出馬し、うち一二名が当選した。代議員の総数は二二五〇名であったので数としては少ないが、大都市では党組織推薦の本命候補が、ボリス・エリツィンなど庶民に人気の候補に軒並み敗北したことを考えると、決して悪い結果ではなかった。KGBの各候補のマニフェストは、党の候補者とまったく同じではなく、選挙区の特徴や地域の優先課題に力点を置き、カスタマイズされていた。ベラルーシ共和国の有権者に対してはチェルノブイリ原発事故の被害対策、アルメニア共和国との間で民族紛争が勃発したアゼルバイジャン共和国の有権者に対しては「民族政策のレーニン主義的原則の実施、法と秩序の強化」といった具合である。

クリュチコフ議長は、この選挙を当時のソ連社会で「最も重要な出来事」と総括した。KGBは選挙活動と結果を詳細に分析し、いかにして有権者の心をつかむか、その教訓を内部雑誌に発表した。同報告は、チェキストの候補者が、有権者がKGBに対して持つ関心を巧みに利用したことを指摘し、初めての選挙の結果としては満足のいくものだと総括した。一方で、負の教訓として、候補者の中には、論争を呼ぶ問題を真正面から取り上げて議論できなかった者や、極秘裡に実施された事前の世論調査の結果をマニフェストに反映できなかった者がいたことを指摘した。また、次の選挙では、影響力のあるメディア、文化人、作家を候補者の応援に投入すること、もっと多くのチェキストを出馬させること、特に「ソ連英雄」の称号を持ち尊敬を集めるチェキストや、ロシア人ではなく選挙区の地元民族出身のチェキストを出馬させることを提言した。

これらの提言は一年後に活かされた。KGBは、一九九〇年春の各共和国・地方選挙で、前回よりはるかに多くのKGB将校を立候補させた。KGBへの批判の声に対しては、チェキストは円卓会議や地元メディアでの露出を増やし、外国スパイの摘発や汚職の撲滅、大粛清の犠牲者の名誉回復作業への積極的参加をアピールした。チェキスト候補が地方党幹部と対決した選挙区では、KGBは独自の選挙区情勢分析やプロパガンダを駆使してチェキスト候補の選挙戦を組織的に支援した。その結果、チェキスト候補は、バルト三国とコーカサス諸国（アゼルバイジャン、アルメニア、ジョージア共和国）では苦戦したが、ロシア、ウクライナ、中央アジア諸国（ウズベク、カザフ、キルギス、タジク、トルクメン共和国）では善戦し、二七五六名のチェキストが共和国・州・市・町村の人民代議員に選出された。

ロシア共和国の国・地方議会では、六三〇名のチェキスト候補のうち五七％が一回目の投票で当選した。ロシア人民代議員の中にはボブコフKGB第一副議長もおり、ボブコフはさらにロシア最高会議（人民代議員大会の常設機関）の議長団に選出された。同じように反体制派の取り締まりを担当したイヴァン・フェドセエフZ局次長はロシア最高会議憲法委員会の委員に選出された。

この選挙後、KGBは、新たに選出された議員団がKGBの役割をどのように考えているかに高い関心を示し、チェキストに議員との関係強化を指示した。KGB査察局は議員との関係強化のマニュアルを整備し、ソ連各地でチェキストは議員を招いて円卓会議を開催した。

議会の中でも特に重要なKGBのターゲットは、保安機関関連の法案を審議するソ連、ロシア共和国のそれぞれの最高会議防衛国家保安委員会であったが、これらの委員会が内務省、軍、KGBの現役将校や軍産複合体関係者で占められたことはKGBによる懐柔を容易にした。さらに、一九九〇年四月、ヴィクトル・グルシュコKGB副議長はソ連の委員を対象に「資本主義国情報機関の対ソ活動」について非公開の報告を行った。グルシュコは報告の中で、米国は衛星・通信インテリジェンスを駆使して人民代議員の通話を傍受することができると述べ、組織犯罪、外国情報機関とつながるマフィア、麻薬取引、テロ、イスラム革命等の抜き差しならぬ脅威が迫っていると煽った。本来KGBを監督するはずの防衛国家保安委員会は、この報告を無批判に受け入れ、KGB指導部に対し、「外国の対ソ諜報活動に対抗する追加措置」を取るように勧告した。このように議会によるKGBの統制は当初から機能しなかった。

民主派への対策も抜かりはなかった。クリュチコフKGB議長は、第五局に対し、民主派議員の中からエージェントをリクルートするよう指示するとともに、KGBの各支部には民主化運動指導者への信頼を失墜させるアクティブメジャーズの実施を通達した。のちにロシアの極右政治家として知られることになるウラジーミル・ジリノフスキーは、モスクワ大学法学部の学生時代に違法な通貨投機の罪を見逃してもらう代わりに、KGBへの協力に同意した。ジリノフスキーは、KGBの指示に従い、民主派への浸透を試み、一九八八年にソ連の反体制派が結成した「民主同盟」でヴァレリヤ・ノヴォドヴォルスカヤ代表の補佐を務めた。しかし、KGBの差し金であることを見抜かれ、民主派から追放されたジリノフスキーは、ソ連共産党とKGBの密かな後ろ盾の下に「自由民主党」のリーダーに就任した。自由民主党は、共産党一党独裁から多党制への移行に伴い、ソ連共産党が連立相手として作り出した党であった。一九九一年八月に保守派のクーデターが起きた際、共産党を唯一支持したのは自由民主党であったこともこれを示唆している。こうしてロシア政治における「自由」と「民主主義」は最初から保安機関の息のかかった体制内野党に乗っ取られていたのである。二〇二二年四月に七五歳で死去したジリノフスキーに対し、プーチンが弔意を表明したのにはこのような背景がある。

グラースノスチと秘密警察

興味深いことに、八月クーデター後に改革派のバカチンKGB議長が科学アカデミー社会学研究所に委託してロシア、ウクライナ、ベラルーシ、中央アジア諸国、アゼルバイジャンで実施した世論調査では、六割以上の回答者がKGBを複数組織に分割した改革を支持する一方、KGBの完全な廃止を求める声は一割未満にとどまった。また、KGB職員に対するイメージは「プロフェッショナル」（七六％）、「知性的」（六五％）といった肯定的なものだった。この背景には、KGBがペレストロイカ期に活発化させた広報活動がある。

KGBの働きかけにより、一九八八年の一年間だけでチェキストに関する二三五冊の本、一〇本の長編映画、四〇本の短編映画、七五〇〇件の記事が発表された。特に、西側の情報機関の陰謀からソ連を守るKGBのドキュメンタリー映画、偉大なチェキストに関する伝記は大きな反響を呼んだ。KGB大学校の学者は内部雑誌で、テレビシリーズ「ソビエト国家に対する陰謀」について、西側のスパイ活動の摘発を強調することで、チェキストの活動は控えめに見えると賛美した。

また、KGBは、モスクワ・ニュース紙、クランティ紙、独立新聞、「モスクワのこだま」（ラジオ）などグラースノスチを背景にKGB批判を始めたメディア（いずれもプーチン期に廃刊または骨抜きにされている）の報道を注意深くモニタリングする一方、KGBが意図的にリークする情報をもとに記事や番組を作る記者、作家、学者から成る「著者集団」を作った（FSBでは「ルビャンカ・プール」と呼ばれる）。

ソ連国民や研究者を最も驚かせたのは、「グラースノスチ」の標語の下、それまで陰に隠れていたチェキスト自身が公の場に現れるようになったことである。KGBは、中央から離れた辺境のヤクーチアやダゲスタンで記者会見やテレビ生中継のテストを行った。記者や視聴者の反応はおおむね好意的であり、ダゲスタンKGB議長の初のテレビ出演は「オープンで、正直、真摯」に答えているという印象を視聴者に与えた。KGB内部では、議長のテレビ出演準備のため、よく寄せられる質問への模範的回答とシナリオの用意、もっとも「不都合な」質問を予測して的確に答える訓練が行われた。こうした印象操作の技術によって、視聴者は、「KGBは生まれ変わった」、チェキストは「社交的で、ユーモアセンスのある人間」という印象を受けた。プーチンもまたこうした方法論を引き継いでいる。二〇〇〇年のロシア大統領選では、郊外電車に乗り、通勤客とたわいのない会話を交わす「普通の人間」を演出した。

ペレストロイカの割と自由な雰囲気の中で、大学で討論クラブが開催されるようになると、ＫＧＢは学生のエージェントをこうした活動に潜入させた。エージェントから大学の討論クラブでＫＧＢが批判の対象となっているという通報を受けたＫＧＢ地方支部は、同じ大学出身の第五課（反体制派取り締まり）職員を討論クラブに派遣し、学生の質問に答えさせた。イベント終了後には、再びエージェントを使って学生の間の反響を探らせた。多くの学生は、「閉鎖的」なはずのＫＧＢ職員が、「巧みな言葉遣いで議論をリードする」姿や大学の「先輩」であることに魅了された。

不都合な過去

グラースノスチにおけるＫＧＢの最大の弱みは不都合な過去にあった。ＫＧＢは、スターリンの下で大粛清を実行した内務人民委員部（ＮＫＶＤ）を、チェーカーとＫＧＢの歴史から切り離すことに努めた。一九八九年四月、ルビャンカで行われた会議で、クリュチコフ議長は、個人崇拝によって保安機関は「歪められ」、スターリンの政争の手段と化してしまったと批判しつつも、そのような暗黒時代でも真実のために死んでいった数千の「健全な」チェキストがいると称えた。この時期、チェキストは、「スターリン時代にチェーカーの原則を忘れてジェルジンスキーの同志を殲滅した抑圧的ＮＫＶＤと現代のＫＧＢは何ら関係を持たない」というプロパガンダを大々的に行った。また、大粛清犠牲者の名誉回復や文書調査に真摯に協力している姿勢をアピールし、文才のあるベテランのチェキストにKGBアーカイブへの排他的アクセスを与え、ソ連とKGBに関する「正しい」歴史記事を書かせた。

KGB内部の会議で、クリュチコフKGB議長は、集団埋葬された犠牲者の名前や場所は文書が保存されていないため特定できないと説明している。他方、ソ連崩壊後のウクライナのアーカイブからはこの存在しないはずの文書が大量に見つかった。KGBは表面的には協力的姿勢を見せながら、実際には大粛清の実態を隠蔽し続けたのである。また、「生まれ変わった」KGBは、大粛清に関与した者は一人も残っていないと宣言したが、記者エフゲニヤ・アルバツの調査によれば、一〇〇名以上の拷問や処刑に直接関与した元NKVD職員が「栄誉あるチェキスト」の称号を持ち続け、ソ連ジャーナリスト連盟の会員として活動していた。

保安機関の不都合な過去をめぐっては、ペレストロイカ期にソ連の政治弾圧の究明と犠牲者の追悼を目的にして設立された人権団体「メモリアル」(二〇二一年一二月ロシアの最高裁判所は閉鎖を命令。二〇二二年ノーベル平和賞受賞)がKGBにとって厄介な競合相手となった。また、ソ連指導者ゴルバチョフも、求心力のあるメモリアルが政治運動に発展する可能性を恐れ、さまざまな手法でこれを骨抜きにしようと画策した。KGBの内部雑誌によれば、チェキストはメモリアルに先行して(または共同で)大粛清犠牲者の遺骨捜索活動や追悼碑設置を行ったり、メモリアルに所属する歴史家や記者に「プロパガンダ目的のアーカイブ資料」を提供したりすることで懐柔しようとした。トムスク州では、ＫＧＢの文書保管を担当する第一〇課職員がメモリアルの州支部長に就任するなど内部からこれをコントロールする動きも見られた。

2　ＫＧＢ改革の失敗

ＫＧＢ「規制」法

チェーカー時代からの七〇年間、ＫＧＢを統制する法律はなく、極秘の内部規則のみが存在した。一方、グラースノスチが進むと、世論に対しＫＧＢの信頼性をアピールするため、法律を制定してＫＧＢから「秘密組織のベール」を取り除く試みが始まる。本格的な議論は、一九八九年春の人民代議員大会選挙によってソ連に立法者としての代議員が誕生した後に始まった。しかし、あろうことか、ＫＧＢを規制する「国家保安機関に関する法」は、国民の代表である人民代議員ではなく、ＫＧＢ自体によって草案が作成され、ＫＧＢの内部雑誌を通じてソ連全土のチェキストが参加して議論が行われた。一九八九年四月のルビャンカの党組織会合で、同法案が「国家保安のために国民の権利と自由を制限する手続き」を含むかと聞かれたクリュチコフ議長は、法案は「国民が何をできて、何ができないか」を具体的に示すことになると述べ、法案の目的はＫＧＢの活動の規制よりも、国民の権利の制約であることを示唆した。

「国家保安機関に関する法」は、一九八九年一一月にソ連最高会議防衛国家保安委員会で議論された後、さらにKGB内で議論され、ソ連人民代議員大会が採択し、一九九一年五月にゴルバチョフ大統領の署名によって発効した。他方、KGBの内部雑誌には、KGBの作業グループが作成した法案とは別に、最高会議に提出するため「公開向け、非秘密版」が作成されたと記されている。KGB研究者のウォーラーも、同法に関連して複数の秘密規定が存在する疑いを指摘している。

公開されている部分だけとっても、同法は、結局、「秘密組織のベール」を取り除くどころか、エージェント網、監視や盗聴を含むKGBの従来の活動を合法化しただけだった。同法は、KGBに対し、裁判所の令状や検察の許可なく、家宅捜索を行う権限を与えるとともに、チェキストとエージェントに対し広範な法的保障を与えた。特に、当時民主派が求めていたKGBアーカイブの公開に対するKGBエージェントの懸念の声に応えて、同法第四条は、KGBが「保安機関に対する国民の秘密の協力に関する情報が公にされないように保護を与えなければならない」とする義務を明確にした。

議会への浸透

先述の通り、ソ連末期にチェキストに浸透、懐柔されたソ連最高会議防衛国家保安委員会は、ＫＧＢに対する監督機能を当初から果たすことができなかった。では、ソ連崩壊後のロシアでは、どうだったのだろうか。ここでも状況は同じだった。一九九〇年の選挙でロシア共和国では、少なくとも一五名のチェキストが人民代議員として当選した。セルゲイ・ステパーシンとセルゲイ・クズネツォフは、ＫＧＢの後継機関であるロシア保安省の現役幹部でありながら、議員としてロシア最高会議防衛国家保安委員会の委員長と書記をそれぞれ務めた。のちに初代ＦＳＢ長官に就任したステパーシンは、公開されている経歴書では内務官僚出身ということになっているが、ＫＧＢの現役予備将校ではないかとも疑われている（アンドロポフ期に多くのＫＧＢ将校が内務省に送り込まれた）。ソ連崩壊後の一九九二年二月、ロシア最高会議で八月クーデターにおけるＫＧＢの責任を追及した「ポノマリョフ委員会」（レフ・ポノマリョフ「民主ロシア」グループ議員が委員長）の非公開審議で、ＫＧＢが民主ロシアやロシア議会に何人のエージェントを潜入させているのか、という質問に対し、ステパーシン保安省次官（兼ロシア最高会議防衛国家保安委員長）は次のとおり証言した。

> 何度聞かれても、具体的な名前を挙げることはできないと申し上げたい。技術的に不可能なのだ。あなたの質問の中には極めて大きな脅威が潜んでいる。（……）もし仮に私が口を滑らせて（今実際にそれをやろうとしているのだが、メディアに出ない限り許されるという確信の下に）、人民代議員や最高会議議員の三人に一人がＫＧＢエージェ

ントだと言ったときのことを想像してみてほしい。そんなことを言った後で我々は一緒に仕事をできようか？（……）この件については忘れようではないか。今の状況において報告することはできないと全員に注意を喚起したい。これはとても難しい問題なのだ。

ステパーシンは誇張して「三人に一人」と言ったのかもしれないが、公開すれば議会運営に支障を来すほどの数のエージェントが浸透していたことは想像に難くない。後に大統領になったプーチンは、民主派の追及から保安機関のエージェント網を守り抜いたステパーシンを褒め称えている。ポノマリョフ委員会は、自らKGBエージェントであったプリマコフSVR長官やアレクシー二世モスクワ総主教の圧力を受け、国民に対し審議内容も明らかにしないまま解散させられた。ステパーシンの発言を含む同委員会の記録は、一九九〇年代半ばにKGB研究者ウォーラーが入手し、米国の学術誌『デモクラティザーツィヤ』に掲載された。

KGBアーカイブ――奪われた「知る権利」

一九九一年の八月クーデター後の世論調査で、「あなたはKGBが怖いか」という質問に対し、ロシアに住んでいた者の五割強は「怖くない」と回答した。「怖い」と答えたのは六％に過ぎず、「ときどき怖いと感じる」という回答と足しても二割に過ぎなかった。また、ＫＧＢやその前身のＮＫＶＤに個人的被害を受けたと答えたのは二・二％、家族などが被害を受けたと答えたのが三割弱であり（この多くはスターリン時代だろう）、六割はＫＧＢに被害を受けていないと答えた。

このように、ソ連が崩壊したとき大部分のロシア人はＫＧＢを明確な脅威として認識していなかった。その背景には、自らの活動実態を隠蔽するＫＧＢの徹底した秘密主義があった。だからこそ、ソ連崩壊後、ＫＧＢの秘密文書は、歴史家の研究対象としてだけではなく、全体主義体制に関する国民の知る権利を実現し、ロシアの民主化プロセスを不可逆的にするために公開されることが期待されていた。

ＫＧＢ文書庫（アーカイブ）には、一九一七年に創設されたチェーカーからＫＧＢに至るまでの政治犯に関するファイル、秘密会議記録、破壊工作員やエージェントの報告など実に多様な文書が保管されている。中央アーカイブには六五万件、共和国・州ＫＧＢのアーカイブには九五〇万件、第一〜三総局のアーカイブには四七万件、合わせて一〇〇〇万件以上のファイルである。ソ連崩壊前の三ヵ月間、ＫＧＢ改革に挑んだ最後のＫＧＢ議長バカチンの下には毎日のようにアーカイブへのアクセスを求める要望が寄せられた。

バカチンは、ＫＧＢによる政治弾圧に関する真実を明らかにするためアーカイブを公開すべきだとする世論の声と、アーカイブを公開した場合にＫＧＢに協力したソ連国民や外国人に及ぶ影響を懸念する声との間で板挟みとなった。例えば、一九八九年のベルリンの壁の崩壊後、東独の国家保安省（シュタージ）のファイルが一般公開されたことによって数千名の協力者の氏名が暴露され、失職、家族崩壊、自殺も出て社会に大きな波紋を呼んだため、その後の旧社会主義圏の秘密警察アーカイブの公開の範囲や手続きについては慎重なアプローチがとられるようになっていた。この点についてバカチンは、全体主義の下でKGBの協力者となった人々に罪はなく、「魔女狩り」をすべきではないと述べ、アーカイブの取り扱いについては「アーカイブ法」が必要であるとした。

KGB内部では隠蔽のため秘密文書を焼却すべきとの声も強かった。実際、東独シュタージのアーカイブが民主活動家に差し押さえられたのを見たKGBは、すぐに反体制派の弾圧に使われた刑法第七〇条（反ソ連煽動・政治宣伝罪）適用対象者のファイルを廃棄処分するよう指示したといわれる。

KGBアーカイブの政治的重要性は、一九九一年六月の選挙で初代ロシア共和国大統領に選出されたボリス・エリツィンも認識していた。同年八月、ソ連保守派の反ゴルバチョフ・クーデターが失敗に終わると、エリツィンは何よりもまず、ソ連共産党及びKGBの保有する文書をロシア共和国のアーカイブ組織に移転させる旨の大統領令に署名した。さらに同年一〇月、ロシア最高会議にこれらの文書の国家アーカイブ（ロスアルヒフ）への移転を検討する委員会が設置された。しかし、アーカイブの移転は一向に進まなかった。文書移転検討委員会のトップには、エリツィン大統領の顧問で、ソ連軍の心理戦研究やスターリンの伝記で知られる元政治将校のドミトリー・ヴォルコゴノフが任命されていた。過去にアンドレイ・サハロフ、ペトロ・グリゴレンコ等の反体制派を攻撃していたヴォルコゴノフの下で、文書移転は停滞し、一九九三年のロシア最高会議の解散とともに委員会も解散してしまった。その一方で、ＫＧＢ文書を引き継いだロシア保安省は自ら閲覧室を設け、プロパガンダ向けに選択的に文書を公開する体制を整えた。一九九四年、今度は、エリツィン大統領の下に文書暫定秘密解除委員会が設置され、大統領アーカイブが保管する旧政治局の文書計四八巻が秘密解除され、ロシア現代史文書館に写しが移管された。しかし、一九九〇年代末にかけてこれらの文書は再び機密指定され、二〇〇一年、プーチン大統領は「国家機密保護体制改善」を理由に同委員会を廃止した。

しかし、我々が読むことができるＫＧＢ関連文書もある。一九九二年、元ＫＧＢ第一総局文書課のヴァシリー・ミトロヒンは、一〇年以上にもわたり密かに書き写したスーツケース六個分の極秘文書の写しを持って英国に亡命した。これはミトロヒン・アーカイブと呼ばれ、一九九九年と二〇〇五年にＭＩ５の歴史家クリストファー・アンドリューの解説とともに書籍化され、冷戦期の西側や第三世界に対するＫＧＢの工作の実態をうかがい知る貴重な資料となっている。また一九九二年、ソ連共産党の合法性が争われた裁判に関連して、ＫＧＢも関係する党中央委員会文書に一時的にアクセスを得た元反体制派ウラジーミル・ブコフスキー（三七頁。一九九一年ソ連に帰国）は、同じように一二〇〇件の文書をひそかにコピーして国外に持ち出した（ブコフスキー・アーカイブ）。これらの文書に基づき、ブコフスキーが一九九六年にロシア語で発表した『モスクワ裁判』は、冷戦期のKGBと西側政治家の癒着関係を暴露した。また、バルト三国、ウクライナ、ジョージアでは、「非共産化」改革後、各国に残されていたKGBアーカイブの閲覧が可能となり、我々が知らないソ連社会のさまざまな断面や全体主義下の情報機関の手法について研究が進められている。

幻となったチェキストの公職追放

東欧諸国では秘密警察の文書の公開とともに、共産党・秘密警察の要職を務めた者の公職追放が行われた。「浄化政策（lustration）」とも呼ばれる公職追放は、これに反対する者が言うような「魔女狩り」や復讐ではなく、脆弱な民主主義を全体主義の残党から守るために必要不可欠な措置であった。ロシアでは、KGB復活を危惧した「民主ロシア」議員のガリーナ・スタロヴォイトヴァが、公職追放法案を作成した。同法案は、過去一〇年以上にわたり地方党組織の書記、連邦・共和国党委員会職員、KGB職員またはエージェントだった者に関して、全てのレベルの行政機関や教育機関への就職を五～一〇年間禁止するものであった。法案は、一九九二年末と九七年にロシア議会に提出されたが、採択されることはなかった。仮に同法案が採択されていたら、プーチンは、首相や大統領を目指すどころか、サンクトペテルブルク市役所で働くことも許されなかっただろう。スタロヴォイトヴァは、サンクトペテルブルクで、ＦＳＢの人権侵害や汚職の追及を続けるが、一九九八年一一月に暗殺された。当時、ＦＳＢ長官だったプーチンは、「個人的に」捜査を指揮すると約束したが、他の無数の民主活動家の不審死とともに、暗殺の黒幕は見つかっていない。

実際、ソ連崩壊の翌年、ＫＧＢ職員は形式的な審査を経てほとんど全員がそのままロシアの情報機関職員に横滑りした。一九九四年、人権活動家セルゲイ・コヴァリョフは、エリツィン大統領の下に暫定的に設置されたＦＳＢ等の保安機関の幹部昇任の資格審査を行う委員会に参加した。コヴァリョフは、中東欧諸国のように秘密警察に勤務歴のある者を一律に公職追放することは困難だとしても、反体制派の弾圧に従事したＫＧＢ第五局の職員だけは重要な役職に就かせてはいけないと主張した。しかし、他の委員は国家保安担当大統領顧問、安全保障会議書記、ＦＳＢ長官で、コヴァリョフの主張は退けられた。コヴァリョフは、エリツィン自身がモスクワ市共産党中央委員会時代から付き合いのあるＫＧＢモスクワ局幹部を始めとしたチェキストを重用していたと失望を隠さなかった。その結果、プーチンの大統領就任以前、一九九九年初めの時点で既に、大統領府の長官、人事課長及び報道局次長、ロシア政府事務局長、安全保障会議副書記などがチェキストで占められていた。

一九九三年、元反体制派のセルゲイ・グリゴリヤンツは、外国人専門家も招き、国際会議「ＫＧＢの過去、現在、未来」を開催した。この会議で、もっとも急進的な措置を主張した

FSBの紋章。ロシアの国章「双頭の鷲」を守る「盾と剣」

のは二〇年間KGBに勤務したアレクサンドル・キチヒンであった。キチヒンは、KGBが首謀した八月クーデターの原因究明のため複数の委員会が設置されたにもかかわらず、いずれも結果は非公表か、上層部の圧力で委員会自体が解散に追い込まれたことを指摘した。クーデターに関与したとして一三名の将軍がKGBを解雇されたが、逮捕されたクリュチコフKGB議長を含め、九四年には全員に恩赦が言い渡される。キチヒンは、複数の組織に分割されたKGBは、議会や大統領による有効な監督機能を欠いており、ソ連時代の全体主義的な機能や伝統を復活させている兆候があると指摘した。さらにキチヒンは、KGBを改革することはそもそも不可能であるとし、後継機関を全て廃止し、それに代わって権限を刑法の枠内に制限した法執行機関を設置し、国境警備や組織・経済犯罪対策などは本来の所管省庁に委譲することを提案した。また、職員も総入れ替えしなければ、反体制派を抑圧した伝統は若い世代にも引き継がれると警告した。

キチヒンは、グリゴリヤンツの会議の参加者が迫害の対象となる日も遠くないと予言し、対策には「今日から着手しなければいけない。明日では遅すぎるかもしれない」と報告を結んだ。一九九四年、グリゴリヤンツの弁護士は文書を提供すると約束した保安機関関係者に会いにカルーガに向かうが、途中でトラックに衝突される事故にあった（弁護士は九死に一生を得た）。また、グリゴリヤンツが代表を務めていたグラースノスチ財団の事務所が何者かに荒らされ、重要文書が盗まれた。最後は、グリゴリヤンツの家族が標的となった。グリゴリヤンツが第一次チェチェン戦争（一九九四～九六年）におけるロシアの戦争犯罪に関する会議を開いていた一九九五年初め、当時二〇歳だったグリゴリヤンツの息子がアパート前でひき殺された。これを受けて、グリゴリヤンツの家族はフランスに亡命した。二〇〇〇年は、グリゴリヤンツの会議の参加者にとって敗北を決定づける年となった。KGBを批判して階級を剝奪され米国に移住したオレグ・カルーギン元KGB第一総局少将は、プーチンは、ステパーシン（FSB長官）とプリマコフ（SVR長官）が始めた情報機関強化のプロセスを完結させたとし、『KGBの現在、未来』を議論するのはもう遅すぎる。それは、もう単なる組織ではなく、権力となった」と述べた。

3　プーチンの「システマ」——FSB＝マフィア＝行政の三位一体

アンドロポフ神話

二〇〇〇年春、プーチンが大統領に就任してまもなく、アンドロポフ元KGB議長・ソ連共産党書記長の住まいがあったモスクワのクトゥゾフ通りに、一九九一年の八月クーデター

セルゲイ・イワノフ
（1953年～）

後に撤去されたアンドロポフの記念板が静かに戻された。

チェキストは、ソ連崩壊のトラウマを乗り切るため、アンドロポフに理想を求めた。このチェキスト自身が作り上げた神話では、アンドロポフは、ゴルバチョフのペレストロイカに先鞭をつけた「改革者」や「進歩的政治家」として描かれる。また、アンドロポフがKGB議長の期間（一九六七～八二年）にKGBに就職したプーチン、セルゲイ・イワノフ、ヴィクトル・チェルケソフ、ニコライ・パトルシェフは、チェキストの黄金世代とされる。

しかし、アンドロポフの実像を語るいくつかのエピソードがある。ひとつは一九五〇年、カレロ＝フィン共和国共産党の第二書記だったアンドロポフは、第一書記ゲンナージー・クプリヤノフが第二次大戦中に「人民の敵」をドイツ軍後方に送り込んだという事件を捏造し、党委員会で彼を吊るし上げた。クプリヤノフにとって、対ナチスドイツの地下闘争をともに戦った仲間であるアンドロポフの裏切りは青天の霹靂だった。党を除名、逮捕・投獄されたクプリヤノフは、スターリン死後の一九五五年にようやく釈放された。一方のアンドロポフは、クプリヤノフ一派の粛正がモスクワの目に止まり、以後党の要職に登用される。

もうひとつは、フルシチョフによるスターリン批判後の一九五六年に社会主義体制下のハンガリーの民衆が、一党独裁に抗議して自由選挙を求めた革命、いわゆるハンガリー動乱でのアンドロポフが果たした役割である。当時、駐ハンガリー・ソ連大使だったアンドロポフはハンガリー首相ナジ・イムレに対し、ソ連軍がブダペストに向かっているという情報は「なにかの間違い」であり、「ソ連政府はハンガリーに侵攻する意図はない」と嘘をつき、ハンガリー側を混乱させ、ソ連軍の侵攻を助けた。さらに、ワルシャワ条約機構からの離脱を表明したハンガリー側に対し、アンドロポフはソ連軍撤退に関する交渉を持ちかけた。交渉の会場にハンガリー代表団が姿を見せ、シャンペンが振る舞われると、KGBが押し入り、民衆側についたパル・マレテル国防相を含むハンガリー側関係者全員を逮捕した。これによってハンガリー軍は総崩れとなり、ブダペストはソ連軍に完全に占領された。さらにアンドロポフは、ソ連が傀儡として設置したカダル・ヤノシュ政権を通じ、ユーゴスラヴィア大使館に避難したナジ首相に対し身の安全を保証したが、大使館から出てきたナジを逮捕し、ソ連大使館に連行、のちにルーマニアで秘密裁判にかけて処刑した。プーチンが、アンドロポフから受け継いだのは、このような狡猾で冷酷な一面である。

マフィアの元締めはルビャンカ

ソ連共産党は、組織犯罪は資本主義に特有の現象であり、ソ連国内には存在しないと言ってきた。しかし、ペレストロイカ期に小規模な民間ビジネスが許可されると、個人事業主を恐喝し、みかじめ料を徴収する（「クリーシャ（屋根）」を提供する、という）犯罪集団が現れた。これは、KGB／FSB、GRU（軍の諜報機関）、内務省第六局が持っていた闇の仕事の外注先である「特殊エージェント」と関係していた。一九九五年にコムソモリスカヤプラウダ紙は、ある特殊エージェントのインタビューを掲載した。それによれば、窃盗の疑いで逮捕された容疑者は、「刑務所に行くか、協力するか」の選択を迫られ、後者を選べば、「事務所」の指示に従って、放火や殺人を行う。これを断れば、逆に自分が犯していない罪の濡れ衣を着せられる。プーチンが始めた第二次チェチェン戦争を辛辣に批判したノーヴァヤ・ガゼータ紙記者アンナ・ポリトコフスカヤが二〇〇六年に殺害された事件を含め、ロシアで著名な記者や民主活動家が殺されると、どこからか連れてこられた素性のはっきりしない者が犯人とされ、真の依頼人が分からないまま裁判が結審することが往々にしてあるが、このような事情が背景にある。

また、ソ連崩壊後のロシアでは、情報機関と犯罪組織の癒着は日常的な光景になり、「元」KGB職員のコネや特殊技能は犯罪組織から重宝された。こうした状況下で、マフィアの協力によって、サンクトペテルブルク市の経済犯罪を陰で牛耳り、台頭したのがプーチンであった。

一九九二年初め、サンクトペテルブルク市議会のマリーナ・サリイェー議員は、同市の食糧問題をめぐる不正について追及していた。ソ連が崩壊した一九九一年冬、食糧不足に悩まされていたサンクトペテルブルク市はロシア政府から資源の割当をもとにしたバーター取引を許される。これを担当していたのが、当時同市で対外関係委員長を務めていたウラジーミル・プーチンであった。プーチンは、この取引のため複数の（架空）会社に輸出許可を与え、木材、レアメタル、アルミニウム、石油製品等の推定数千万ドル以上の資源が外国に輸出された。しかし、その対価として市に供給されるはずだった肉、ジャガイモ等の食糧は忽然と消えた。サリイェー議員を始めとする市議会の調査委員会は、この大規模な横領疑惑に関する報告を証拠の文書とともに検察と大統領府監察局に提出し、プーチンの更迭を求めた。そもそも、市対外関係委員長は、対外経済関係省が所管する輸出許可を与える権限を持っていなかった。しかし、上司のアナトリー・サプチャク市長とロシア政府のアーヴェン対外経済関係相はともにプーチンを庇い、事後的にプーチンに輸出許可権限を与えることで事件の幕引きを図った。消えた食糧については何も明らかにされぬまま、この後、プーチンは、稀に見る出世の道を歩むことになる。なお、取引に際して介在した架空会社の設立には、ソ連対外貿易省の肩書を使うチェキストでプーチンの友人ゲンナージー・ティムチェンコ（現在は北極圏のLNGプロジェクトを手掛けるノヴァテク社の大株主）を始めとするKGB出身者が関与したことがわかっている。

二〇〇〇年、大統領選を前にしてこの事件に再び注目が集まり、サリイェーはプーチンに投票しないよう呼びかけたが、プーチンの当選直後、サリイェーは突如プスコフ州の辺鄙な田舎に引っ越して、記者のインタビューを断るようになる。また、同じ年、ヴェードモスチ紙記者だったウラジーミル・イヴァニゼはこの事件を再び取材したが、プーチンの報復を恐れる関係者の口は堅く、同紙編集長も怖がって記事掲載を取りやめてしまった。イヴァニゼの書いた原稿は、その後ノーヴァヤ・ガゼータ紙に渡り、一部が同紙で発表されるが、ドミトリー・ムラートフ編集長（二〇二一年、ノーベル平和賞受賞）の下で、プーチンの法的責任を問う内容から、「ペテルブルクのソーセージ」という俗なタイトルで食糧問題に関する小競り合いへとトーンが変えられた。

ソ連末期、タンボフ州出身のウラジーミル・クマリン（別名バルスコフ）らが中心になって犯罪集団が結成された。このタンボフ・マフィアは、プーチンがサンクトペテルブルク市の対外経済委員長を務めていた間に、カジノ・ネットワーク、港湾施設、石油ターミナルなどを建設し、同市最大のマフィアに成長した。米国に移住した元KGB職員ユーリー・シュヴェッツによれば、FSBサンクトペテルブルク局の密輸対策課長だったヴィクトル・イワノフ（のちにFSB経済保安局長）がタンボフ・マフィアの港湾利権獲得を助け、プーチンは市役所の側からマフィアの活動にお墨付きを与えた。

また、一九九二年にプーチンと実業家ウラジーミル・スミルノフ（一九九六年にプーチンやウラジーミル・ヤクーニンらと一緒に〔別荘〕協同組合「オーゼロ」を設立）は、ドイツのフランクフルトを訪問し、地元投資家を説得して露独合弁会社「SPAG」を設立した。同社のサンクトペテルブルク支社の理事会にはタンボフ・マフィアのクマリンが名を連ね、プーチンとゲルマン・グレフ（第一・二期プーチン政権の経済発展貿易相）が顧問に就任した。二〇〇〇年、ドイツ捜査当局は、SPAG社社長をロシアの犯罪グループとコロンビアの麻薬組織の資金洗浄疑惑で逮捕した。

プーチンが、エリツィン政権期の混乱、貧困、犯罪の蔓延を引き合いに出し、「九〇年代の悪夢」から脱却する安定や秩序のイメージで国民の支持を得たことは知られている。しかし、その悪夢の源泉は、プーチンが自ら作り出したFSB＝マフィア＝行政の三位一体体制「システマ」なのである。

政敵を取り締まる経済保安局・自己保安局

プーチンの「システマ」は、逆らう者に制裁を加える。前述したとおり、コムソモール・ビジネスマンとして成功したミハイル・ホドルコフスキーは、石油会社ユコスを手中に収め、ロシアを代表する実業家となった。しかし、二〇〇三年、KGB第六局を引き継いだFSB経済保安局（第四局）が、プーチンを批判したホドルコフスキーを脱税容疑で捜査・逮捕し、モスクワ市裁判所は禁固八年を言い渡した。この事件を担当したFSBのユーリー・ザオストロツェフは、一九九〇年代初期に大佐の階級でFSBを「退職」し、地方銀行の保安・警備担当など民間企業を転々とするが、一九九八年にカレリア共和国保安省時代の上司であったパトルシェフ大統領府監察局長（翌年、FSB長官に就任）に呼び戻され、FSB経済保安局に復帰し、財政・銀行の防諜を所管するK課の責任者に任命された。ザオストロッツェフは、プーチンが大統領に就任した二〇〇〇年、経済保安局を統括するFSB副長官に昇進し、二〇〇四年にはVTB銀行の筆頭副頭取に転出した。この他にも、FSB経済保安局は、オリガルヒのウラジーミル・グシンスキーやその傘下メディアである「メディア・モスト」グループ（NTVチャンネル含む）、アエロフロート社とその大株主であったボリス・ベレゾフスキーに対する政治的捜査で主要な役割を果たした。

FSBには他にも経済を担当する部局がある。それは自己保安局（第九局）である。防諜機関であるFSBの本部、下部・地方組織、出向職員に対する防諜を司ることから「FSBの中のFSB」と呼ばれ、独自の特殊部隊も持つ。その一方で、経済保安局と同じく、オリガルヒや銀行家からみかじめ料を徴収し、「保安」を提供するのも自己保安局であり、その第六課（特命犯罪捜査）はプーチンの右腕で国営石油会社ロスネフチ会長のイーゴリ・セーチンが牛耳ってきた。二〇一一年から一六年まで自己保安局を率いたセルゲイ・コロリョフ（のちにFSB第一副長官）は、デニス・スグロボフ内務省経済保安汚職対策総局長、サハリン州知事アレクサンドル・ホロシャヴィン等多くの大物の逮捕に関与した。こうした逮捕は、プーチンの事前の了解を得た上で行われていると見られる。

環境保護・人権保護NGO

プーチンFSB長官やその後任となったパトルシェフは、環境保護団体はスパイの隠れ蓑であると公に述べている。ロシアで活動する環境保護活動家は、チェキストの目には外国情報機関が送ったスパイとして映るのである。

最も波紋を呼んだのは、一九九〇年代半ば、ノルウェーの環境NGO「ベローナ」とともに、ロシア北極海の放射能汚染を調査していたアレクサンドル・ニキーチン元海軍大尉に対するFSBの捜査であった。ニキーチンが作成したロシア北方艦隊による放射能汚染に関する報告書は公開情報をもとにしていたが、一九九六年、FSBは国防省の非公開法令を引用してスパイ・国家機密漏洩罪の疑いでニキーチンを逮捕し、検察は三年にわたり八件以上の容疑で追及した。しかし、ニキーチンの報告書にはロシアの法令に従って国家機密とみなされる情報は含まれておらず、最高裁ではいずれも証拠不十分で無罪とされた。ニキーチン事件は、FSBが非公開の法令を引用して誰でも逮捕できることを示した。国際人権NGOアムネスティ・インターナショナルは、ニキーチンをロシアの

ニコライ・パトルシェフ
（1951年～）

「良心の囚人」に認定した。この他、ロシア太平洋艦隊による放射能汚染について日本のNHKの番組制作に協力してスパイ容疑で逮捕された記者グレゴリー・パスコも同様の認定を受けた。ニキーチン事件を担当したFSBレニングラード局のヴィクトル・チェルケソフがFSB第一副長官に昇進するなど、環境保護活動家に対するスパイ疑惑の捏造や追及はFSBの出世コースとなった。

アムネスティ・インターナショナル自体もFSBのターゲットとなった。一九九九年、同NGOのブルガリア人女性職員がスヴェルドロフスク州のニジニ・タギル刑務所の女性囚人の収容状況を視察した。しかし、数日後、同刑務所は、ブルガリア人職員が囚人に無許可で写真を撮ったという複数の苦情を受け取ったとして（職員や同行者は一人ひとりに許可を求めたと証言しており、この苦情は刑務所当局が囚人に書かせたものと考えられる）、ロシアの児童保護NGO「チャンス」（第3章4で述べるGONGOと呼ばれる疑似NGO）を通してアムネスティ・インターナショナル本部にブルガリア人職員を非難する書簡を送った。アムネスティ・インターナショナルは、一九九七年にロシアの刑務所の虐待問題に関する報告書を発表しており、このブルガリア人職員への誹謗は、ロシアの刑務所への人権活動家のアクセスを拒むために、刑務所訪問に同行したKGB出身のスヴェルドロフスク州人権担当オンブズマンが自作自演したものであった。ソ連時代、KGBは地下活動を展開する反体制派組織にエージェントを浸透させたが、ソ連崩壊後、FSBは自ら疑似NGOを設置して、欧米の慈善財団を欺いて資金援助を受けたり、偽の「人権セミナー」を開催して国内の人権活動家についての情報を収集したりしている。

四年間の首相職の後、二〇一二年に大統領に復帰したプーチンは、外国から資金援助を受けるNGOに登録を義務付ける外国エージェント法に署名した。プーチンは、FSB関係者との会合で、「外国から指示を受け、資金をもらい、その利益のための働いている者たち」の取り締まり強化を指示した。それからまもなく、検察、税務局、司法省等が八〇以上の人権・環境NGOや宗教団体（ロシア正教会を除く）に家宅捜索に入った。ソ連崩壊の一九九一年からロシアで活動していた国際NGO「ヒューマン・ライツ・ウォッチ」にも初めて当局の査察が入ったが、ロシアメディアはこの模様を「ワシントンの指示」で動くNGOへの査察として取り上げた。外国エージェント法の適用範囲は徐々に拡大され、二〇一七年には外国から支援を受けるラジオ・リバティー等の非政府系メディアや記者は、記事の冒頭に「外国エージェント」であることを長々と表示しなければいけなくなった。

現役予備将校から出向職員、クラートルへ

ソ連崩壊後、ほとんどの現役予備将校は派遣先の省庁や企業にそのまま残った。一九九五年に制定された「ロシア連邦保安機関に関する法」第一五条は、FSB職員が国家機関や民間企業に派遣されることを堂々と規定した。さらに、プーチンがFSB長官だった一九九八

年に現役予備将校は「FSB出向職員」に改称された。二〇〇六年末、中央・地方政府職員約一〇〇〇名を調査したところ、四人に一人がKGBやその後継機関への勤務歴があり、半数以上が履歴書に不審な空白期間があった（KGB大学校に通っていた等の可能性）。

KGBは、情報漏洩を防ぐため、KGB将校が直接の上司のみに報告する厳格なライン組織であった。しかし、このような硬直的な組織によく見られるように、職場の外では親族関係や友人関係に基づく非公式なネットワークが発達した。プーチンが、チェキストの中でもレニングラード（現サンクトペテルブルク）出身者など個人的に親しい者を重用することはよく知られている。同じように、FSB職員の出向についても、組織内の非公式なグループの力学が働く。例えば、ロスネフチ社には、KGB出身でプーチンの右腕として知られる同社会長イーゴリ・セーチンの影響下にあるFSB第九局第六課の職員、ロシア鉄道にはやはりKGB出身で同社社長ウラジーミル・ヤクーニンに近いFSB職員が出向する。ソ連崩壊後、多くの「元」KGB職員が、インテリジェンスのノウハウやコネを活かし、民間企業の警備担当や法律顧問として「再就職」したが、それとほとんど識別がつかない形で、FSB職員の出向も進められた。

FSB職員の出向は天下りのような片道切符ではない。例えば、あまり表には出てこないFSB高官セルゲイ・コロリョフは、一九九〇年代、後に国防相となるアナトリー・セルジュコフがマフィアとともに乗っ取った家具チェーン店の警備担当だった。二〇〇〇年代、コロリョフは、FSBサンクトペテルブルク局で勤務後、セルジュコフがトップを務める連邦税務局に出向した。セルジュコフが国防相に栄転すると、コロリョフは国防相顧問に就任し、FSB側からGRUを監視した。コロリョフは、その後、自己保安局、経済保安局の局長を務めた後、二〇一一年にFSB第一副長官へ昇進した。二〇〇八年、プーチンとの関係が深いタンボフ・マフィアのゲンナージー・ペトロフは、資金洗浄や武器密輸の容疑でスペイン当局に逮捕されたが、捜査当局が開示した盗聴テープから、コロリョフとも互いに誕生日を祝い合う親密な関係にあったことが分かっている。

また、二〇〇三年からサンクトペテルブルク市長ワレンチナ・マトヴィエンコの下で人事局長を務めたFSB将校セルゲイ・マルティネンコは、二〇一〇年にFSBに戻り、重要なポストである人事局長に就任した。そして、二〇一四年には再びマトヴィエンコが議長を務める連邦院（上院）の事務局長に転出、二〇一九年にはウラジーミル州から連邦院議員に選出された。なお、プーチンからのウクライナでの軍事力行使の要請を実質的な審議もなく形式的に承認したのはこの連邦院である。

このように、プーチン体制を支える主要な政治家、オリガルヒ、知識人は、自らがKGB／FSB出身であるか（公式の履歴書では触れられていない場合も多い）、前述したようなFSBからのお目付け役（「クラートル」と呼ぶ）が付いているか、のいずれかである。FSBクラートルと政治家の関係は、かつてのKGBハンドラーとエージェントの関係に近い。

監視網——大学、ジャーナリズム、ウェブまで

チェキスト的思考では、知識層や文化人は外国の影響を特に受けやすいため、国家機密を扱うことのない教育機関や文化団体ですら防諜活動の対象となる。FSB第二局は大学やバレエ・アカデミーにまで出向職員を送り込み、監視や盗聴を行い、「スパイ」を摘発する。

モスクワ大学を始めとするロシア全土の主要な大学や研究所にも、「保安」または「国際協力」担当の副学長や学長補佐としてFSB出向職員が配置され、学生や教員のソーシャルメディアへの投稿及び出版物の内容を検閲し、外国人との接触を監視している。また、学生や教員の中から協力者をリクルートし、反体制活動に学生が参加しないようにさまざまな予防措置（プラフィラクティカ）を講じる。二〇二一年一二月には、前FSBベルゴロド州局長が、ロシアで最も「リベラル」とみなされるモスクワの高等経済学院の副学長に就任した。また、理系研究所の場合、研究員が外国に出張する前に日程や面会相手をFSB出向職員に報告し、帰国後も報告を出さなければならない。

プーチン体制下では、記者に対する監視も強化された。第一次チェチェン戦争でロシアが敗北を喫したのは、チェチェン側の視点を伝えたジャーナリストの「報道の仕方」が悪かったという考えからである。このため、それまで無名だったプーチンの人気を一気に引き上げ、大統領最有力候補にした第二次チェチェン戦争（一九九九～二〇〇九年）では厳しい検閲が

布かれた。また、記者による「国家機密の漏洩」は防諜を扱うＦＳＢ第一局の所掌であるが、国家機密とは関係のない記者の活動も監視の対象となっている。二〇〇九年にアレクサンドル・ボルトニコフＦＳＢ長官は、記者に対する広報活動（偽情報）を担当するＦＳＢ支援計画局長に、記者に対する盗聴や秘密検査を許可する権限を与えた。チェキストにとって、体制に批判的な記者は、外国の情報機関の指示を受けて国家の保安に脅威を与える存在として映るのである。

ＦＳＢに詳しい記者のアンドレイ・ソルダトフとイリーナ・ボロガンが指摘するように、ロシアのインターネットのトラフィック（通信データ）の半分が通過するハブ「ＭＳＫ－Ⅸ」は、モスクワ南西部の住宅地の一九階建てのビル（旧モスクワ市外電話ステーション）に入っている。このビルには、主要なプロバイダーの他、グーグルもひとつの階を丸々借りているが、八階にはＦＳＢが入っており、全ての階のインターネットプロバイダーのハブには「ＳＯＲＭ」（ロシア語の「捜査捜索手段」の略称）という印のついた装置が設置されている。この装置によって、ＦＳＢはロシア全土のインターネットのトラフィックにアクセスできる。ＳＯＲＭは、昔は電話の盗聴を意味したが、今はネットワークを行き来するＥメール、ブラウザ情報、スカイプ、電話、テキストメッセージ、ソーシャルメディアを傍受する。また、メッセンジャーアプリで体制を批判する匿名チャンネルの運営者を特定するため、大手携帯会社にもＦＳＢ職員が出向している。

対外諜報と国内防諜の曖昧な境界

米国のFBIとCIAの役割が国内防諜と対外諜報で分かれているように、KGB第一総局を引き継いだSVRと第二総局等を引き継いだFSBの役割が対外諜報と国内防諜できれいに分かれているかといえばそうではない。ロシアでは、国内防諜のFSBがSVRの対外諜報の分野を侵食しているのである（一〇九頁図4参照）。

東独でベルリンの壁崩壊を見たプーチンは、アンドロポフの「ハンガリー・コンプレックス」に似た衝動を持ち、旧ソ連諸国への民主化運動の波及を異常なまでに恐れるようになった。また、民主化へ向けた国内の動きは、ロシアの体制転換を企てる米国によって操られていると見る。実際、プーチンは、二〇一一～一二年にロシア国内で起こった大規模反政府デモはヒラリー・クリントン米国国務長官による「シグナル」によって勢いづいたと述べた。ロシア・ウォッチャーのキムバリー・マーティンが指摘するように、陰謀論に近い脅威認識を持つ者は、外と内の脅威を区別しない。というのも、陰謀論のロジックでは、外と内の脅威は常に連動するからである。

歴史的にもソ連の国内防諜と対外諜報には重要な接点があった。すでに一九六〇年代から、KGBは、地方局第一課（対外諜報）と第二課（国内防諜）の連携を重視し、第二課の将校にも、諜報活動を「自らの仕事」という意識を持つようにと呼びかけていた。というのも、スターリン死後のいわゆる「雪解け」期に急増した訪ソ外国人に接するのは防諜担当員であり、その接触の機会を対外諜報活動にも活かせることを学んだからである。そのため、KGBは、訪ソする外国人に関する情報を収集し、様々な形で彼らのリクルートを試みた（第1章2参照）。ソ連時代は、KGBの各地方局の第一課がこの「ソ連領からの諜報」の主担当だったが、ロシアではこの第一課はKGBの各地方局を吸収したFSBの所管となった。つまり、FSBが「ロシア領からの諜報」活動として訪露する外国人に対する諜報活動に従事しているのである。

このため、国内防諜を主任務とするFSBには、一九九五年の創設時から対外諜報活動（法律上、地理的制約はない）が認められていた。ステパーシン初代FSB長官は、「諜報活動をロシアの国内と国外に分けるのは実際上不可能」と述べた。さらに、二〇〇三年の法改正によってFSB第五局（作戦情報・国際関係局）の中に対外諜報部門として作戦情報部（DOI）が設けられた。DOI将校は、SVR将校と同様、世界各国のロシア大使館に派遣されている。ソ連崩壊に際し、ロシアは、ウクライナを始めとする独立国家共同体（CIS）諸国との間で互いに対外諜報活動を行わないと取り決めた。しかし、ロシアは、詭弁だが、SVRがこれらの国で活動できなくても、国内防諜機関の活動は禁止されていないと考え、FSBが諜報・工作活動に従事しているのである。例えば、二〇一四年二月のウクライナのユーロマイダン革命の際には、対ウクライナの政治工作のためセルゲイ・ベセーダFSB第五局長とアナトリー・ボリュフ同局DOI部長がキーウに出張していたことが確認されている。二〇二二年二月からのウクライナ全面侵攻では、ロシア軍空挺部隊がキーウを制圧した後にウクライナにロシアの傀儡政権を設置するのはFSB第五局の任務として準備されていた（二〇一四年にロシアに逃亡したヴィクトル・ヤヌコーヴィチ元ウクライナ大統領が隣国ベラルーシで待機していたと言われる）。だが、ウクライナ側の激しい抵抗にあい、この電撃作戦は失敗に終わった。

また、一般的に情報機関と認識されていない大統領府の関連部局にもSVR、FSB、GRUの将校が出向し、主に「近い外国」と呼ばれる旧ソ連諸国に対するアクティブメジャーズ（非公然の政治・感化工作）を計画・実行している。二〇一三年、プーチンはGRU出身のウラジスラフ・スルコフを大統領府CIS・アブハジア南オセチア社会経済協力局を総括する大統領補佐官に任命し、ウクライナの不安定化や「連邦化」計画（二四一頁）を試みた。

法執行機関・司法・地方に対する統制

FSBは、軍以外のシロビキも監視対象に置く。具体的には、M局が、内務省、非常事態省、法務省、検察庁等のシロビキや司法システムの幹部に現役予備将校を配置しており、これらの組織の人事にも影響力を持っている。

ソ連では形式的には、検察職員がKGBの捜査手続き（家宅捜索、逮捕等）を確認し、検察庁に報告することになっていたが、元KGBのヴィクトル・オレホフによれば、これを担当するモスクワ市検察庁の検事補佐はKGBモスクワ局から派遣されたチェキストであった。このようにKGBの捜査は実質的に検察を介入させず身内で完結した。

KGB議長からソ連共産党書記長となったアンドロポフは、ブレジネフ時代の内務省幹部を一掃し、元KGB議長のヴィタリー・フェドルチュークを内相に任命して警察を内部から監視するとともに、一五〇名ものKGB将校を内務省に派遣し、ブレジネフ期に形成された地方の警察派閥を内部から解体したとされる。プーチンは、アンドロポフの方法を継承し、内務省の重要な役職にFSB将校を配置した。一九九〇年代前半にロシアのカレリア共和国保安省でパトルシェフの部下だったラシード・ヌルガリエフが、二〇〇二年に第一次官として内務省に送り込まれ、二〇〇四年から一二年まで内相を任された。内務省内でヌルガリエフを補佐したのもFSB出身者であった。

裁判所も、FSBに従う。FSBが手掛ける事件には、いわゆる「特別裁判官」がつき、FSBの書くシナリオ通りの判決を下すのである。例えば、一九九〇年代末のロシア外交官ヴァレンチン・モイセエフに対するスパイ疑惑事件がある。モイセエフが韓国大使館員に渡したとされる「機密情報」はロシア・韓国シンポジウムで発表された報告であり、ウェブサイトにも公開された内容であった。にもかかわらず、モスクワ市裁判所判事マリーナ・カマロワは判決文で、セルゲイ・ディヤコフFSB法務局長が新聞インタビューで話したスパイ容疑をほぼそのままなぞった。なお、同判事はこの他にも、ルビャンカに反旗を翻した元KGB将軍のオレグ・カルーギン事件など複数のFSB起訴事件を担当した。

二〇〇〇年五月、プーチン大統領は、地方の監視強化のため、全国を七つの連邦管区（中央、北西、南方、沿ヴォルガ、ウラル、シベリア、極東）に分け、それぞれに大統領全権代表を置いた。このうち、中央連邦管区にはKGBレニングラード局やサンクトペテルブルク税務警察（税務警察もKGB職員の出向先の一つ）を渡り歩いてきたゲオルギー・ポルタフチェンコ、北西連邦管区にはFSBサンクトペテルブルク局長やFSB第一副長官を歴任したヴィクトル・チェルケソフがそれぞれ大統領全権代表として任命された。ほかにも、FSBチュメニ州局次長からウラル連邦管区全権副代表、FSBリャザン州局長からリャザン州の連邦査察官（大統領全権代表を補佐）へといった具合に、FSB地方局幹部から同じ地方の連邦査察官に横滑りするケースが多い。また、中央及び地方の行政機関による大統領令の執行状況に目を光らせる大統領府監察局長も、二〇〇八年以降はFSB出身者のポストになっている。

第3章　戦術・手法――変わらない伝統

二〇一四年のロシアによるウクライナ東部侵攻以降、安全保障・インテリジェンス研究の専門家の間では、三〇年前の論文が再び参照されるようになっている。それは、デニス・クックスの論文「ソ連のアクティブメジャーズと偽情報――概観及び評価」である。一九八〇年代のレーガン政権下で設置され、冷戦の終わりまで存在した米国政府省庁横断の「アクティブメジャーズ作業部会」の座長を務めた国務省幹部クックスが、ソ連の感化・世論工作を説明したものである。クックスによれば、「アクティブメジャーズ」とは「敵対者のイメージの失墜」及び「ソ連の影響力の強化」を目的とする「偽情報作戦や政治的な感化、海外のフロント組織や共産党の活動を含む幅広い実践」であり、「欺瞞の要素を含み、多くの場合、モスクワの関与を隠蔽する秘密の手段を用いる」とされる。諜報や防諜、伝統的な外交とは異なり、攻撃性や能動性に特徴がある。英語には相当する概念がないため元のロシア語「アクティヴニエ・メロプリヤチヤ」の直訳で「アクティブメジャーズ（積極工作）」と呼ばれる。

本章では、アクティブメジャーズの背景や手法について概観した後で、アクティブメジャーズと密接に関連する偽情報、インフルエンス・エージェント、フロント組織とはどういうものか、その歴史と現代での応用を探る。

1　アクティブメジャーズ――KGBの「心と魂」

パブリック・ディプロマシーとの違い

元KGB将校のオレグ・カルーギンは、標的国の対外政策に関する意思決定や世論を自国に都合のよい方向に誘導するアクティブメジャーズをKGBの「心と魂」と呼ぶ。西側の政治工作には文化・政治・道徳的制約があるのに対し、アクティブメジャーズの手段には縛りがなく（暗殺も含む）、民主的な政権交代のないソ連は長期的視野のもとで大規模な作戦を計画・実行し得た。また、敵国の情報機関や反ソ亡命者組織の信頼失墜や活動妨害を積極的に追求する。

KGBの教本は、アクティブメジャーズの具体的な手法として、次節で解説する「偽情報」の他、米国やその同盟国の「陰謀」を暴いて反米感情を煽り、ソ連に有利な外国世論を形成する「暴露」、敵国の政府、政治家、反ソ組織に倫理的ダメージを与える「コンプロマット」などを挙げている。実行段階では、効果を重視してさまざまな形態がとられる。例えば、標的とする人物の感化を目的とした「打ち解けた懇談」、センセーショナルな「秘密」文書の公開、外国人著者名での本やパンフレットの出版、著名な政治家や学者を招いたラジオ・テレビ番組や記者会見、集会やデモの組織、外国政府・議会への陳情・質問状、国際会議での（ソ連を利する）決議などである。これらは、多くの場合、KGB将校がソ連人または外国人のエージェントを通じて実行する。

外国世論に働きかけるという意味で、アクティブメジャーズは、欧米のパブリック・ディプロマシー（広報文化外交）と同じではないかとの指摘もありそうだ。しかし、両者には根本的な違いがある。パブリック・ディプロマシーは、外国世論に対して自国の外交方針への正しい理解を促す活動である。また、それを助けるソフトパワーは自国の魅力を発信して親近感の向上を狙いとする。一方、アクティブメジャーズは、自国の魅力の発信ではなく、敵国の政府や指導者への信用を低下させ、国民の不安や不満を助長することに重点がある（第4章3参照）。つまり、「自国が正しい」という説得ではなく、敵国の政策や価値観に対する疑念や不信感を植え付けることで、自国発ナラティブを相対的に受け入れやすくするのである。

図3　ソ連のアクティブメジャーズ・プロパガンダの体制（概略）

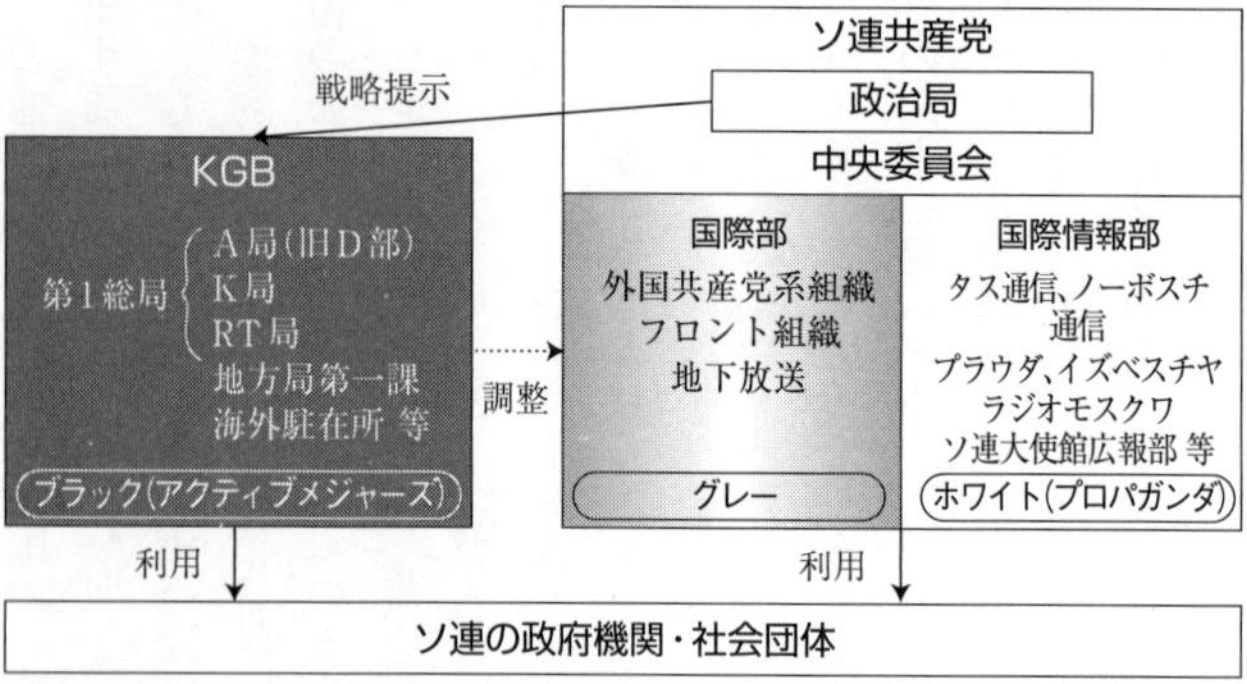

出所：Kux 1985、KGB文書等をもとに筆者作成。

　また、自国に関する情報発信については、民主主義国のように正確な情報発信を目指すのではなく、「戦略的偽情報」がその根幹にある。KGBの教本は、「戦略的偽情報」は、「国家の任務の遂行を助ける」とし、「ソ連の国家政策、軍事・経済情勢、科学技術の成果（……）の基本事項について敵をミスリードする」ものであると述べる。

　ソ連やロシアのアクティブメジャーズは、自国の関与を隠して標的へ働きかける意味でも、透明性の高い欧米のパブリック・ディプロマシーの対極にある。ソ連の情報活動は、ソ連共産党中央委員会国際情報部が統括するソ連国営メディア（タス通信、ノーボスチ通信、ラジオモスクワ等）や外交当局を通した公然のプロパガンダ活動である「ホワイト」、中央委員会国際部が統括する外国共産党系組織や平和・青年・女性・教会関連のフロント組織（一三四頁）を経由して実施する「グレー」、KGBが行う非公然活動の「ブラック」に分類される。強いて言えば、欧米のパブリック・ディプロマシーは「ホワイト」や「グレー」に分類されるだろう。「ブラック」としてのアクティブメジャーズは、情報の発信源がKGBであることを隠蔽して行われることが特徴であるが、実効性を上げるため「ホワイト」や「グレー」の活動とも調整され、ソ連の最高意思決定機関である共産党中央委員会政治局が全体を統括する（図3参照）。

現実に介入する

ソ連がボイコットした一九八四年のロサンゼルス五輪では、KGBはオリンピックを妨害するため、米国の白人至上主義団体「クー・クラックス・クラン（KKK）」を騙《かた》って、「オリンピックは白人のため」にあり、参加するなら危害を及ぼすとの脅迫文書をアジア・アフリカ諸国のオリンピック委員会に送り付けた。ただし、こうした文書にはスラブ言語話者に特有の英語の間違いがあり、すぐにKGBによる偽情報と特定された。同じように、二〇一四年のウクライナのユーロマイダン革命では、ロシアは、ウクライナ人が「ロシア人を吊し上げろ」という民族差別的スローガンを掲げている偽の画像を拡散した。人種・民族差別は、アクティブメジャーズでもっともよく使用されるテーマである。

アクティブメジャーズは、ビラや画像の拡散だけでなく、現実世界にも介入する。二〇〇一年にフランスに亡命した元KGB第一総局将校セルゲイ・ジルノフによれば、KGBは西側の不安定化工作に利用するため、過激派組織や中東のテロ組織とも密かに関係を持ったが、これらの組織への浸透が難しい場合、自ら「ネオ・ファシスト」組織や「イスラム過激派」グループを作り上げた。古典的な事例は、「鉤十字《かぎじゅうじ》」キャンペーンである。

一九五九年一二月のクリスマスの朝、西独の右翼政党のメンバー二名が、ケルンのシナゴーグ（ユダヤ教の会堂）にナチスのシンボルの「鉤十字（ハーケンクロイツ）」を描き、「ユダヤ人は出ていけ」と落書きし、さらに、ホロコーストの犠牲となったユダヤ人の追悼碑を冒瀆した。二人はすぐに逮捕されたが、それから数日間の間に連鎖反応が起こる。シナゴーグ、ユダヤ人の墓石、ユダヤ系商店を対象とした落書きや嫌がらせが西独の二〇以上の町に拡大した。コンラート・アデナウアー西独首相は緊急閣議を招集し、ユダヤ人に対するヘイト犯罪の取り締まりを訴え、再発防止を約束したが、国際社会は西独の「反ユダヤ的傾向」や「ナチズム」復活を一斉に非難し、各国で西独大使館への抗議運動、西独製商品の不買運動にまでエスカレートした。この間、社会主義陣営の東独は、ソ連とともに、西独政府に「ナチス」のレッテルを貼るプロパガンダを大々的に展開した。

他方、のちの警察の取り調べで、「右翼政党」党員と見られていた落書きの犯人が実は共産党員だったこと、事件前に東独を何度も訪問し、軍事基地でソ連人とコンタクトをとっていたことが明らかとなった。さらに、英国の情報機関は、亡命者を通じ、「鉤十字」作戦はKGBで偽情報を担当するD部（一九六六年、アクティブメジャーズを担当するA局に改組）のイヴァン・アガヤンツ部長自らが考案したことを突き止める。ホロコーストの生々しい記憶が残り、国際社会が西独でのナチズム「復活」を匂わせるあらゆる兆候に対して極めて敏感に反応することを利用し、NATOに加盟した西独に対する同盟国（米英仏）の信頼を低下させ、NATOを分断するために考案された作戦であった。D部は、この作戦の準備として、KGBエージェントがモスクワ近郊の村でユダヤ人の墓石を倒し、村人の潜在的な反ユダヤ感情がどう刺激されるかを調べる実証実験まで行っていた。

ソ連やロシアは「ファシスト」や「ナチス」という表現を頻繁に使うが、これは敵対者の評判を落とすための方便に過ぎない（第5章2参照）。二〇二二年二月のウクライナ全面侵攻の理由に「ナチズムとの戦い」を挙げたプーチン自身が、KGB将校として東独ドレスデンに勤務していた際、東独人のエージェントを通じてネオナチ活動家を支援していたという話まである。

コンプロマットの活用

これまでも度々触れた「コンプロマット」とは、政治・ビジネス上のライバルの評判を落とすための醜聞またはそのような情報を利用する慣習のことであり、ソ連崩壊後のロシアでは広く見られる現象である。真偽の定かでない情報に基づく「疑似コンプロマット」を掲載したウェブサイトまである。

ＫＧＢの使うコンプロマットは、西側の政府、政治家、社会活動家や反ソ亡命組織に倫理的・政治的ダメージを与えるため、予め用意された情報（誹謗中傷）を西側の記者を通して拡散するものであった。例えば、モスクワに不利な情報を発信する相手は誰でもコンプロマットの対象となる。ソ連亡命者からの聞き取りや膨大な公開情報をもとにＫＧＢの活動の全貌を詳細に描いたジョン・バロンの『ＫＧＢ――ソ連秘密警察の全貌』（一九七四年出版）は、一五〇〇名を超えるＫＧＢ将校の名前を挙げ、ＫＧＢに三七〇件以上の被害評価を行わせるほどの打撃を与えた。ＫＧＢは、この本の信頼性を落とすため、米国駐在員に対し、バロンに関するあらゆるコンプロマットを集めるよう指示し、バロンがユダヤ系であることを持ちだして、同著がシオニストの陰謀であるというアクティブメジャーズを展開した（ほとんど効果はなかった）。このバロンに対するコンプロマットは、四半世紀後の一九九九年に刊行されたミトロヒン・アーカイブの資料から明らかになった。本書が売れたら筆者もコンプロマットの標的になるかもしれない。

ＫＧＢはコンプロマットの収集に余念がない。例えば、トルクメニスタン共和国では、チェキストが地域方言を学ぶ大学院生に扮して地元で尊敬を集めるイスラム教権威に近づき、地元民からの信頼を落とすため同人のコンプロマットを収集し、新聞や集会で公表した。一九五〇年代、ＫＧＢは、西側で反ソ活動を続けた亡命ロシア人組織「ＮＴＳ」（ロシア連帯主義者人民・労働連合）に浸透し、組織のリーダーをリクルートしようとしたが、それが失敗すると逆に、「この者は密かにＫＧＢとつながっている」という嘘を流して組織内での評判を落とした。これも一種のコンプロマットである。

ソ連が崩壊すると、警備会社やＰＲ企業に就職した元ＫＧＢ職員が商売敵のコンプロマットを収集・捏造することが日常茶飯事となった。サンクトペテルブルク市対外関係委員長だったプーチンも、ビジネスへの統制を強化するため、同市の企業や経営者のコンプロマットを収集した。プーチンの右腕として市対外関係副委員長を務めたヴィクトル・ズプコフは、その後、国税検査庁のサンクトペテルブルク市局長に栄転し、企業の財務情報や脱税疑惑等を集め、企業家に対する脅迫でプーチンに協力した。ズプコフはその実績を買われて、第二期プーチン政権で首相に抜擢された。

コンプロマットは、金銭不祥事や汚職等の違法行為に関するものが多いが、道徳的なダメージを狙うときにはセックスの情報が使われる。外国人男性を対象としたハニートラップは有名であるが、女性も狙われることがある。例えば、一九六〇年代、ＫＧＢは、ウクライナを訪問したフランス人女性に対し、魅力的な男性エージェントを近づかせ、事前に用意したアパートでセックスの一部始終をカメラに収め、これを利用してコードネーム「クルチザンカ」としてリクルートした。この女性の弟がフランスの原子力企業、夫が航空産業で働いていたことにＫＧＢが目を付けたものであった。

通常のスキャンダルは、全てまたは一部が事実に基づくのに対し、コンプロマットは完全な捏造の場合がある。一九九九年、ロシア国営テレビは、ユーリー・スクラトフ検事総長と似た人物が二人の売春婦と戯れる映像をニュースで流した。スクラトフは映像に映っている男性は自分ではないと否定したが、当時クレムリン高官の汚職を捜査していたスクラトフはこの騒ぎによって解任された。このとき、記者会見で疑惑映像が本物であると述べたのがロシア連邦保安庁（FSB）長官だったプーチンである。エリツィン政権を汚職捜査から救ったプーチンは首相に任命され、以後とんとん拍子で大統領の地位に昇りつめる。また、同様のセックステープのコンプロマットは、ロシアの人権問題に取り組んでいた欧米の外交官に対しても使われた。

また、コンプロマットは特定の人物の言動をコントロールする際の「弱み」として用いることもある。二〇一七年には、ロシアの情報機関が、過去にモスクワを訪問したトランプ米国大統領についてコンプロマット（女性関係や金銭の情報）を握っているのではないかと話題になった。

ソ連崩壊後の「支援措置」

東欧諸国の革命やベルリンの壁崩壊を受け、一九八九年一二月、ジョージ・ブッシュ（父）米国大統領とゴルバチョフ・ソ連共産党書記長は、地中海のマルタでの首脳会談で冷戦の終結を宣言した。しかし一方で、対西側工作を行っていたKGBの活動は縮小するどころか、

図4　ロシアのアクティブメジャーズ・プロパガンダ体制（概略）

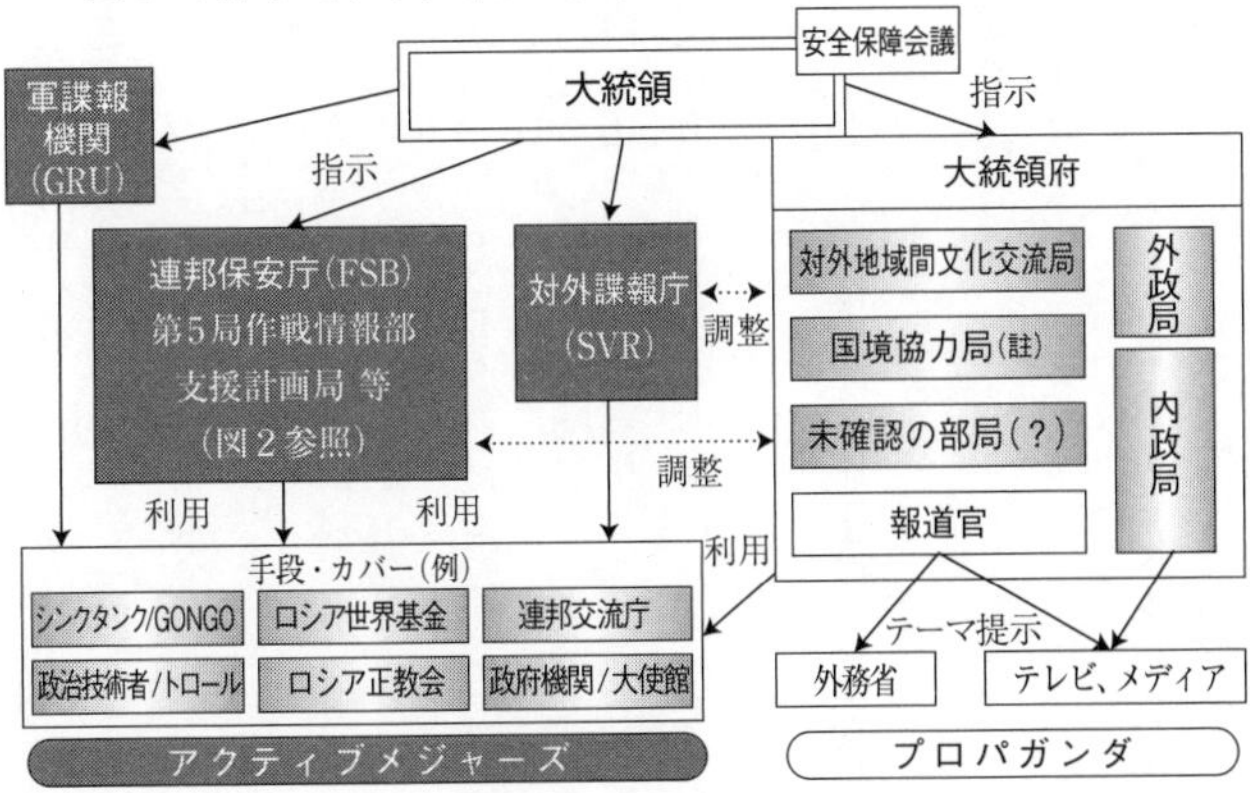

出所：dossier.center等をもとに筆者作成。
註：2018年10月まではCISアブハジア南オセチア社会経済協力局。

より洗練・強化された。一九九〇年九月、クリュチコフKGB議長は、対外諜報員に対しアクティブメジャーズの活性化を呼びかけ、KGB第一総局（対外諜報）のアンドロポフ記念赤旗学院に「アクティブメジャーズ専門課程」の設置を指示した。

本章冒頭で触れた米国のアクティブメジャーズ作業部会はソ連崩壊とともに解散したが、アクティブメジャーズは、独立後のロシアでKGBの後継機関によって継承された。二〇〇〇年に米国に亡命したロシア対外諜報庁（SVR）のセルゲイ・トレチャコフは、ソ連崩壊後、ロシアは米国に対し、今後アクティブメジャーズを行わない、KGB第一総局のA局（アクティブメジャーズ担当）を廃止すると宣言したにもかかわらず、実際にはアクティブメジャーズは「支援措置」に、A局は

「支援措置局」（通称MS局）に改称されてKGBの時代と同じスタッフが同じ活動を続けていることを暴露した。二〇一四年に刊行された『ロシア対外諜報の歴史』によれば、一九九二年、プリマコフSVR長官はモスクワ大学での講演で、「支援措置」と偽情報との関連を否定し、「ロシアの政治がよりよく、効率的に行われるために実施される措置だ」と婉曲的に述べた。しかし、これはモスクワの対外政策の実施を「支援」するという意味でアクティブメジャーズに他ならない。

類似の部局はFSBにも設置された。一九九九年、FSB広報センターは「支援計画局」に格上げされ、広報センター所長のアレクサンドル・ズダノヴィチが局長に就任した。ソ連時代に比べ記者とのやりとりが自由になったロシアでは、広報活動がアクティブメジャーズと同義であることを示唆している。

2　偽情報——正確な情報ほど効果がある

嘘とは限らない

今日のメディアでは、「ディスインフォメーション」（以下では「偽情報」と呼ぶ）は、フェイクニュースやプロパガンダとほとんど区別なく用いられているのを目にする。この用語もソ連を起源とするが、KGBが使う狭義の偽情報は標的国の意志決定や世論を誘導するアクティブメジャーズとほぼ同義であり、必ずしも事実に反する情報や嘘である必要はない。むしろ逆説的だが、正確な偽情報ほど効果が高い。偽情報の作り手（オペレータ）は、標的の情報システムが真実として認識するよう、伝達する（偽）情報の信頼性を高め、現実の細部や標的の常識感覚を反映させるのだ。ホワイト・プロパガンダに慣れてしまった標的であるほど、真実味のあるメッセージにしなければならない。

一九九九年にアクティブメジャーズを担当するFSB支援計画局のトップに就任したズダノヴィチは、効果的な偽情報作戦の情報のうち、九五％は事実であり、捏造は五％程度と述べている。言い換えれば、受け手が別の情報源から真偽を検証できる正確な情報（事実）にほんのわずかだけ検証不可能な捏造を混入するのだ。例えば、二〇一六年にドナルド・トランプが当選した米国大統領選でも結果に影響を与えたと考えられる偽情報は、民主党全国委員会のメールアカウントからハッキングされ、ウィキリークス経由で選択的に公開されたクリントン陣営内部のスキャンダルや陰謀を暗示する本物のメールであった。

偽情報は、内容もさることながら、どのような状況で、どのようなチャネル（人物やメディア）を通して、どのようなターゲットに伝達されるかが重要となってくる。狭義の偽情報は、真の情報源（情報機関）を隠して情報を伝達し、標的の集団や個人の現状認識や意思決定に体系的に影響を与えることを目的とする点で、大衆向けのプロパガンダや単発のフェイクニュースとは本質的に異なるものである。

情報の受け手の警戒を解くため、わざとソ連批判を含めるのも偽情報の手法のひとつである。例えば、一九七〇年代、東京で記者の肩書で活動していたKGB諜報員レフチェンコは、レストランで米国海軍関係者から機密情報を受け取ったソ連軍参謀本部情報総局（GRU）の大佐アレクサンドル・マチェーヒンが日本の警察に現行犯逮捕されたことを受け（マチェーヒンは外交官特権のない「記者」の肩書であったため、懲役判決を受ける可能性があった）、協力者であった日本の保守系大手紙のベテラン記者「トーマス」（コードネーム）に対し、マチェーヒンの釈放を促進するような記事執筆を依頼した。「トーマス」は日本の主要紙はいずれも反ソの論調で、このタイミングでソ連に対し好意的な記事を書くのは無理だと断ったが、レフチェンコは、記事の前半はソ連が日本に対し広く行うスパイ活動を取り上げて反ソ的にして、後半で「事件の闇」にスポットを当て、「米海軍情報機関の挑発行為？」、「マチェーヒンが拷問を受けているというのは本当か？」、「日本の警察は米国の言いなりなのか？」などと攪乱することを勧めた。多くの読者は、堂々とソ連批判をする記者がソ連を代弁しているはずはないと思い込むのである。

偽情報の発表される国と標的国がいつも同じであるとは限らない。例えば、インドの地元紙に発表された「米国が輸出用血液に人種別のラベル付けをした」という捏造記事がアフリカ諸国の読者を標的とすることもある。KGBは、このような偽情報のため、親ソ国であるインドの国内新聞一〇紙を密かにコントロールし、一九七五年の一年間だけで五〇〇〇件以上の記事を掲載した。情報源を第三国にする偽情報は、現代では「情報ロンダリング」（一七〇頁）の手法に見ることができる。

KGBが、親ソ・左翼系の新聞に捏造記事を掲載するのは容易であったが、重要な偽情報ほど、西側の読者の懐に入り込むため、親ソを連想させない中立、または右翼の新聞や雑誌への掲載を画策した。また、偽情報の「反復」は重要な手法である。反証には触れないで同じニュースを流し続け（あるいは忘れた頃に再びニュースにする）、それを西側メディアが誤って取り上げることで、累積的効果を発揮する。ウクライナに対しては、二〇一四年七月のマレーシア航空機MH一七便撃墜事件をめぐって、「ウクライナ軍の戦闘機が撃ち落とした」という陰謀論を異なる角度から何度も浮上させている。

陰謀論

偽情報を語る上で、陰謀論の存在は避けて通れない。陰謀論の代表とも言えるのが、ユダヤ人が世界を支配するという陰謀論『シオン賢者の議定書』で、一九世紀末にロシア秘密警察が作成したと考えられている。また、KGBが流布したCIAケネディ暗殺説などは今でも一部の人々によって根強く信じられている。

KGBは、東西陣営に属さないアフリカ、中南米など「第三世界」の現地紙に、捏造した「極秘文書」を掲載して米国陰謀論を拡散した。例えば、一九八三年にナイジェリアの地元紙は、独自に入手した同地の米国大使館「覚書」を引用して米国大使がナイジェリア大統領選の野党有力候補の暗殺計画を承認した、と一面で報道した。米国大使館は捏造であると即座に否定したが、大きな反響を呼び、西側通信社も引用して拡散した。

KGBの陰謀論のなかで最も大きな成功を収めたのは、米国エイズ製造説だろう。この陰謀論は、一九八五年、ゴルバチョフがソ連のトップに就き、レーガン米国大統領との最初の米ソ首脳会談が近づく中、核戦争を計画する「戦争国家」米国に対する「平和国家」ソ連というイメージを国際世論に植え付ける包括的な計画（戦略的偽情報）の下で実行された。

他の陰謀論にも共通するが、KGBがゼロから米国エイズ製造説を考案したわけではない。すでに一九八三年頃から米国の同性愛者コミュニティの間では、エイズは、CIAがキューバに対し使用した生物兵器が米国に飛び火したものである、という噂が流布していた。KGBはこれに便乗した。一九八五年一〇月、KGBは、自らの影響下にあるインド日刊紙『パトリオット』の記事を引用する形で、ソ連大衆紙『文学新聞』にエイズウィルスは米国防省が開発した生物兵器である、という記事を掲載した。また、信憑性を持たせるため、製造場所は、実際に存在し、生物兵器防護を研究している米国メリーランド州の米軍フォート・デトリック感染症医学研究所であるとした。このスクープに一部の西側メディアが飛びつく。米国エイズ製造説は、一九八七年末までに八〇ヵ国、計二五言語の二〇〇の媒体で取り上げられた。日本でも『悪魔の遺伝子操作――エイズは誰が何の目的で作ったか』というタイトルの書籍が出された。

一九九二年、プリマコフSVR長官は、米国エイズ製造説がKGBの捏造であることを公に認めた。しかし、同年、米国で実施された世論調査によれば、実に一五％の回答者、アフリカ系米国人の五割がエイズウィルスは米国の研究所で人工的に製造されたものと信じていた。

現代の陰謀論のテーマも同じである。二〇二〇年春、ロシアや中国のメディアは、米国エイズ製造説でも登場した米軍フォート・デトリック感染症医学研究所が新型コロナウィルスの製造元であるという説を展開した。また、二〇二一年、ロシア情報機関はリトアニアのニュースサイトをハッキングし、NATO演習のためリトアニアに滞在する米国軍人がコロナウィルスに感染している、という記事を掲載した。これは、ソ連時代にKGBが世界各地の米軍基地の近隣住民の不安を煽るため、米国軍人がエイズに感染しているという偽情報を広めたのと同じである。

なぜ、陰謀論が受容されてしまうのか。とくにアフリカ・中南米諸国では、欧米の政治、文化、社会に対する偏見やステレオタイプが下地となり、質の低い捏造文書が「米国の悪」の象徴として拡散する傾向がある。一方、欧米諸国では、健全な寛容性や懐疑心を欠く極右及び極左のような極端な政治態度の者が標的となりやすい。信憑性の低い情報であっても、受け手の政治姿勢と共鳴して、陰謀論が受け入れられてしまうのである。この特徴を最大限に活かしたのが、後述する「トロール工場」である。

ポスト真実と「オルタナティブ」

二〇一六年の流行語となった「ポスト真実(post-truth)」は、「世論形成の上で、客観的な事実よりも、感情や個人の信念への訴えが影響力を持つ状況」を意味する(オックスフォード辞典)。二一世紀に入り、さまざまな信頼度の無数のメディアが現れ、「事実」の氾濫状態となった。「ポスト真実」政治は、事実を語るのではなく、ソーシャルメディアでハッシュタグや自動アカウント(ボット)を駆使するポピュリスト政治家の台頭をもたらした。ファクト・チェッキング機関によれば、二〇一六年に米国大統領選では、事実に基づかない主張を繰り返すトランプ候補が勝利した。

この「ポスト真実」社会は、欧米の価値観に挑戦するロシアの「オルタナティブ」プロパガンダの拡散に好都合な環境を提供している。二〇〇五年に開局したロシアの海外向け国営放送「ロシア・トゥデイ」(英、仏、独、スペイン、アラビアの各言語でニュースを発信)は、二〇〇八年のロシア・ジョージア戦争後、ロシアを連想させない「RT」にチャンネル名を変更し、放送の重点をロシアの魅力の紹介から米国を始めとする欧米諸国の批判に移した。このとき生まれた標語が、「Question More(もっと疑え)」である。この標語に隠れている目的語を補えば、「ロシアではなく欧米をもっと疑え」となる。ロシアの「テレビの番人」、アレクセイ・グローモフ大統領府副長官はクレムリン御用記者マルガリータ・シモニャンをRT編集長に抜擢した。シモニャンは、RTの役割を、「情報兵器」を使って西側社会全体との「情報戦」を戦う「国防省」に喩えた。

「ポスト真実」は、真実を否定しない。むしろ、真実はそれを語る者の数だけ無数にあるのだ、と人々に語りかける。オルタナティブな解釈が無数にあるという世界観は、ポストモダン的態度を取る左翼知識層や、対立する双方の主張を「平等に」聞くジャーナリズムから違和感なく受け入れられる。二〇一四年、米国の政治学者ノーム・オルンシュタインは、米国政治の二極化をめぐる議論で、少しでもバイアスにつながりそうなものをことさらに避けようとする「ジャーナリストにしみついた癖」を指摘した。事実に基づかない主張をする側にも同等の重みを与える報道姿勢によって、有権者が問題の原因を作っている側を特定することが困難になり、デマゴーグ的候補者に影響されやすくなるという警鐘は、二年後のトランプ大統領の誕生を予言していた。

このような態度は、中立主義ではなく、「双方（both sides）」という言葉から作られた「両論併記主義（Bothsidesism）」であると批判されている。両論併記主義者が注意しなければならないのは、ロシアのような国家は、現実と虚構の境界を曖昧にするため、事実とは一八〇度異なる「オルタナティブ」の生成に注力しているということである。ソ連の反体制派のウラジーミル・ブコフスキーは、西側のメディア多元主義に慣れた者がよく犯す間違いとして、嘘で塗り固められたソ連のプロパガンダと西側の報道の間の中庸を取ることを挙げている。中間ですら、まだ十分に「嘘」なのである。

半真実の方法論

外部からの批判に対するロシアの反応には一定のパターンがある。米国のソ連研究者ティモシー・トーマスはこれを「半真実の方法論」と呼び、五つのステップに整理している。

MH一七便撃墜事件を例にとって説明しよう。これは、二〇一四年七月一七日、ウクライナ・ドネツク州の上空を飛行していたマレーシア航空機が墜落し、乗客・乗務員二九八名全員が死亡した事件である。発生当初はさまざまな説が飛びかったが、二〇一六年九月、オーストラリア、ベルギー、マレーシア、オランダ及びウクライナによる合同捜査チーム（JIT）は、中間報告で、技術的・人為的要因による事故説、機体に仕掛けられた爆発物によるテロ説、戦闘機による撃墜説を否定し、ロシアの占領地域から発射されたロシア軍所有の防空ミサイルによる撃墜説を支持した。さらに、二〇一八年のJITの最終報告では、マレーシア機は、ロシア軍第五三防空ミサイル旅団（クルスクに駐屯）の部隊がトラックで搬入した防空ミサイル「ブーク」により撃墜されたという事実認定がなされている。

一方、事件発生後のロシアの対応は以下のような五つのステップであった。

①関与を即座に否定。
②他国・敵対国が関与したと思わせる**「証拠」の収集・捏造を開始。**ウクライナ軍の部隊や兵器が事件の発生していた地域に展開していたという情報、あるいはそれを証明する証拠を捏造。
③ウクライナ軍が事件に関与した背景を説明する仮説を作成。数ヵ月にわたり、**複数の仮説を拡散。**JITの中間報告発表の直前にも、新しい仮説を発表して世論を攪乱させる。
④JITや国際社会の検証結果に反論できない場合は、それが**ロシアに対する「情報攻撃」であると反論**する。米国からの非難である場合、「米国は自らのシナリオ通りに事態が展開しないことに対する苛立ちからロシアを攻撃している」などの議論を展開する。
⑤敵対国に対し、「常識」を働かせ、「攻撃的」論調やレトリックをやめるように呼びかけ、あたかもロシアが**「冷静沈着」であるかのような位置取り**をする。

②でいう「証拠」とは、例えば、撃墜事件直後にアナトリー・アントノフ国防次官が発表した「ウクライナ政府に対する一〇の質問」である。その中には、撃墜されたマレーシア航空機をウクライナ軍戦闘機が追尾していたという「スペイン人管制官カルロス」の証言があ

る、というものまであった。もちろん、そのような管制官は存在しなかった。メディアに対して堂々とフェイクを拡散したアントノフは、二〇一七年、駐米ロシア大使に任命された。

オリンピック大会などにおけるロシアによる国家ぐるみのドーピング違反に対する反論も概ねこの五ステップを踏襲している。二〇一四年二月、ソ連崩壊後のロシアで初めて開催されたソチ冬季五輪は、プーチンの威信を賭けた国家行事として、開催国ロシアはメダル総数トップとなり、成功裏に終了した、かに見えた。ところがその後、ロシア選手の尿サンプルのすり替え疑惑が明らかになる。二〇一五年に世界反ドーピング機関（WADA）が発表した最終報告書は、ドーピング違反は、スポーツ省とFSBが関与し、ソチ五輪だけではなく、二〇一一年から一五年にかけてロシアが参加したロンドン五輪や他の国際競技を含め行われていたと結論付けた。

ロシアの最初の反応は、即座に疑惑を否定することだった。ロシア陸上競技連盟会長は、「大量の嘘とバイアスのかかった対応だ」、「ロシアのスポーツ界を潰すための挑発だ」とコメントした。次に「敵」であるWADAの評判を下げるための「証拠」の収集・捏造に移行する。二〇一六年八月、ロシアGRUが管理するハッカー集団「ファンシーベア」は、WADAのデータベースをハッキングし、米国人アスリートの個人医学ファイルを盗み出して公開した。その上で、ロシアメディアは、米国の体操代表選手こそ違法なドラッグを使用していると批判した。もちろんこれは事実ではなく、当該選手はWADAから許可を得た薬を使用していた。これは世論に「どの国もドーピングをやっているじゃないか」と思わせ、ロシアの不法行為を相対化するためである。二〇一七年二月、国際陸上競技連盟がロシア陸上選手への世界大会出場禁止措置の延長を決定すると、ロシア陸上競技連盟副会長は記者会見で、国家ぐるみの関与の証拠はないと繰り返すとともに、WADAへの内部通報者は金で買われている、国際陸上競技連盟は不当にロシアの復帰を遅らせている等発言して、WADAの情報源の信頼性を落とそうとした。

さらに、反論ができなくなったところで、欧米が問題を「政治化」しているという主張が出てくる。二〇一七年一一月、プーチンは、ドーピング・スキャンダルは翌年（二〇一八年三月）のロシア大統領選に介入するために米国が捏造したものだ、と述べた。二〇一九年一二月のWADAの決定によりロシア代表選手が東京五輪を含む、以降四年間の国際大会への参加が禁止されると、ドミトリー・メドベージェフ首相は、「すでに慢性的になった反ロシア・ヒステリーの延長だ」と、あたかもWADAや欧米諸国が冷静さを失っているかのように非難した。

3　インフルエンス・エージェント――「スパイ」とは異なる

特殊肯定感化

ＫＧＢの教本には、アクティブメジャーズの手法のひとつとして「特殊肯定感化」という項目がある。具体的には「偽の肩書やエージェントを使い、政府、政党、個別の政治家、官僚、民間人、財界人を感化すること。たいていは、対象国の法律を犯さない範囲で行われる」と説明されている。

かつてソ連の「記者」（多くはＫＧＢ将校である）には、西側にできるだけ多くの「友人」を作れという指令が与えられた。一緒に酒を酌み交わして「個人的信頼関係」を深めた「友人」に、情報を握らせ続ければ、「友人」は「記者」を貴重な情報源だと勝手に思い込み、いつのまにかソ連に都合のよい情報を政府やメディアで垂れ流すようになるからである。これが「特殊肯定感化」の分かりやすい例である。

先述のとおり、（偽）情報は、どのような経路で標的に伝達されるかが重要である。その意味で注目すべきは、インフルエンス・エージェントと呼ばれるＫＧＢの協力者だ。米国情報庁（ＵＳＩＡ）は、インフルエンス・エージェントを「外国の世論や政府の意見に影響を与えるためＫＧＢによってリクルートされる外国人」と定義した（一方、ＫＧＢ内部の定義では外国人だけではなく、ソ連人も含まれる)。

インフルエンス・エージェントが重宝されるのは、標的国の世論や政府が、このエージェントがKGBの書く台本に従ってする発言を愛国的な個人の意見表明だと誤認するからである。冷戦期にチェコスロバキア情報機関で偽情報を担当したラディスラフ・ビットマンが証言するように、東側の情報機関は、インフルエンス・エージェントに対し、「記事がカバーすべき目標やテーマを二、三ページでまとめた概要」を渡していた。インフルエンス・エージェントである著者の文章スタイルを完全に再現するのは不可能に近いため、真の著者を隠蔽するためにも、一定のラインの下で著者に個性を発揮させて記事を書かせた。その内容は、ソ連の宣伝であると察知されないように、ソ連の対外政策に対する直接的支持よりも、米国やNATOの権威を失墜させ、米国とその同盟国を分断することに力が入れられた。

インフルエンス・エージェントは、著名な記者、学者、政府高官が多かったが、KGBの対外諜報の教本によれば、「有名ではなくても、政府や民間の標的となる要人に影響力を持つ者(近い親族、愛人、聖職者)」であることもあった。テレビやラジオによる情報の拡散に比べ、インフルエンス・エージェントによるピンポイントの伝達は、「練り上げられた情報が標的(政府、参謀本部等)に速やかに伝達される」メリットがあった。

報酬はエージェントの自己実現

インフルエンス・エージェントにはいくつかの特徴がある。第一に、KGBは、具体的な成果を求めたため、相手の外国人本人がソ連情報機関へ協力していることを認識しているかどうかは大した問題ではなかった。KGBのマニュアルによれば、KGBと外国人の関係はエージェントより秘匿度の低い「信頼ある人物」として始まり、それがインフルエンス・エージェントの関係に発展することもあった。KGBからすれば外国人との間で正式なエージェント関係を築かずとも、「信頼ある人物」の外国人記者に偽の「情報源」を提供したり、記者の関心に即した作為的な「リーク」を演出するだけで偽情報として十分な成果を上げる場合もあった。

第二に、報酬はインフルエンス・エージェントの自己実現に関係する。一般的な諜報エージェントとの協力関係は、協力を約束する書面（契約）の作成、あるいは書面がなくてもエージェント候補が不正に入手した機密情報をハンドラー（KGBの担当者）に渡し、金銭報酬を受け取ることで実質的に成立した。他方、インフルエンス・エージェントはKGBから必ずしも金銭報酬を受け取るわけではない。大抵の場合、KGBは、エージェント個人の政治、ビジネス、研究等の野心を支援することで金銭報酬の代わりとした。外国の政治家に対しては、KGBはその者の国内での評判を上げるためにあらゆるお膳立てをする。例えば、一九七〇年代に東京に駐在したKGB将校のレフチェンコによれば、労働相や日ソ友好議員連盟会長を務めた石田博英自民党議員がモスクワを訪問した際、ソ連のコスィギン首相は石田の要請を受け、「領海侵犯」の疑いでソ連国境警備隊が拘束していた日本の漁船乗組員を「特別な友情の意思表示」として解放した。日本の新聞は、漁船乗組員の解放が、石田とクレムリンの「個人的関係」のおかげであり、ソ連による返礼であると褒めそやした（しかし、ソ連は日本の漁船の拿捕を続けたので、すぐにまた別の人質を獲得した）。

米国に亡命したレフチェンコは、石田は日本で最も重要なKGBのインフルエンス・エージェント「フーバー」（コードネーム）であり、首相や閣僚に対しモスクワの意向を踏まえたロビー活動を行っていたと証言している。例えば、ミトロヒン・アーカイブは、一九七七年、石田がKGBハンドラーの要請に基づき、福田赳夫首相に対し、ソ連の反体制派と接触した駐ソ日本大使の召還を助言したと記録している。現在の日本にも、ロシアに利益誘導を行っているインフルエンス・エージェントがいる。以下で少し詳しく見よう。

ソ連と外国人研究者

KGBにとって、ソ連のカウンターパート（交流相手）と関係を保持したい外国人は最もつけこみやすい標的であった。その筆頭は、ソ連・ロシア研究に従事する西側の学者や学生である。KGBの教本は、「資本主義国や発展途上国のソ連専門家は、定期的なソ連訪問やカウンターパートとの交流の機会を失えば、職業的権威や影響力を失う」と指摘している。

裏を返せば、KGBは、ソ連やロシアの貴重な文献の閲覧や著名人への取材を餌にして外国人研究者との間で容易に協力関係を築くことができた。また、モスクワに来る外国人留学生・研修生が「彼らの関心のある資料、教授陣の指導、国際的に名の知れた［ソ連の］研究機関の支援を必要としている」こともKGBにつけ込む隙を与えた。

例えば、KGB諜報員は、ソ連対外友好文化交流協会（二〇九頁）の肩書で、ソ連研究機関との関係構築を望む西側の政治経済学の教授に近づき、教授が研究に必要とする史料をソ連のアーカイブから提供して信頼を得たうえで、教授の研究テーマに詳しい歴史家をエージェントとして教授のもとに派遣した。

また、KGBの教本は、一九六〇年代、ロシアのロストフ・ナ・ドヌーで開催された米国の小型機器展示会に米国代表団通訳として参加した二〇代の米国人学生「ジョセフ」（コードネーム）について以下のように記述している。

ジョセフは、米国の大学を卒業し、ロシア語とフランス語を話す。多彩な能力を持ち、ロシア・ソビエトの文学や音楽にも造詣が深い上、物理、化学、哲学、歴史にも通じており、自制心のある真面目な人物である。ジョセフの公的な立場、総合的な能力、ソ連の現実に対する態度から判断して、KGBのオペレーションにとって価値を持ちうる。

KGBは、エージェントを使ってジョセフに近づき、身辺調査や思想的な感化を行い、ソ連にとって都合のよい「現実」をジョセフに見せた。ジョセフはその後のソ連訪問の際もこのエージェントとのコンタクトを継続した。

実際のリクルート対象の決定に際しては、その外国人の地位や能力、将来性が考慮されるが、ロシア語を学びソ連やロシアに関心のある研究者、あるいは反米思想を持つ者は恰好のターゲットとなった。

例えば、KGBはソ連科学アカデミー傘下の米国カナダ研究所、極東研究所、世界経済国際関係研究所等をカバーとしてソ連の対外政策に関心を持つ外国人研究者に接触した。研究所の「専門家」の肩書で、KGB諜報員（現役予備将校）またはエージェントが外国人のカウンターパートとして配置されたのである。また、これらの研究所はもともとKGBがターゲットにする国や地域の内外政や対ソ関係を研究していたため、KGBの対外諜報の情報収集のテーマとも一致して好都合であった。

ミトロヒン・アーカイブは、冷戦時代、ゲオルギー・アルバトフ米国カナダ研究所所長が「ヴァシリー」のコードネームを持つ「最も重要なエージェント」であったことを暴露した。英語に堪能で、ソ連人一般の堅苦しいイメージとは対照的に気さくなアルバトフは、多くの欧米の学者の心をつかみ、「体制内改革派」としての肯定的な評価を得た。しかし、英国のソ連研究者ジェームズ・シアが指摘するとおり、偽情報を伝えるソ連エージェントは、標的とする外国人の前でわざと反ソ連のジョークを言い、党紙『プラウダ』を馬鹿にする。こうすることで、外国人は、このソ連人は必ずしも体制の指示で動いているわけではないと思い込み、「打ち解けた懇談」（特殊肯定感化）で偽情報を受容しやすくなるからである。

ソ連崩壊後もロシアの主要な大学や研究所では、SVRやFSBの出向職員が非公開情報・資料へのアクセスを餌にして「見込みのある」外国人を手懐けようとしている。また、ヴァルダイ討論クラブ（一三〇頁）のようなイベントに参加する研究者は、「欧米とは異なる視点」という名の偽情報の担い手となっている。「私は日本人だから関係ない」と思った読者は、むしろ逆の発想をする必要がある。一九九〇年代後半、ロシア国連代表部外交官の肩書を使ってニューヨークで活動したSVRのセルゲイ・トレチャコフは、日本の大手紙の米国駐在記者をコードネーム「サムライ」としてリクルートしたと語る。トレチャコフによれば、その記者は、「ロシア語が流暢」で、「ロシアの文化と歴史に魅了され」、「反米思想」を持っていたので、金銭報酬も求めずに「友人」のトレチャコフに喜んで協力した。SVRは、記者が持っていた豊富な外交官人脈を使って情報を入手した。米国勤務の日本人がロシアの協力者であるという意外性こそ利用価値が高いのである。

一八世紀後半の露土戦争でロシアは黒海北岸を獲得したが、この戦争を指揮した軍人グリゴリー・ポチョムキンは、クリミアに行幸するエカテリーナ二世に獲得地が豊かで繁栄しているように見せるため、張りぼての村を作ったとされる。このように、訪問者に対し実態とは異なる現実を見せることを俗に「ポチョムキン村」と言う。ソ連を訪問する外国人に対し、社会主義の「偉業」を見せるために選ばれた特定の工場、農場、研究所、文化施設をKGB内部では「陳列用施設」と呼んだが、これも一種のポチョムキン村である。外国人に何を見せるかは党幹部が決定したが、KGBは「陳列用施設」の選定や案内ルートの決定、「ソ連の現実について誤解を与えるような欠陥」を取り除く役目を担った。

別の言い方をすれば、ソ連を訪問する外国人が「見たいものを自由に見た」、「自ら結論を引き出した」という幻想を作るのがKGBの非公然の活動である。例えば、一九三〇年代、英国の農業専門家ジョン・メイナードは、五〇〇万～六〇〇〇万人とも言われる餓死者を出し、スターリンによるジェノサイドともいわれる人為的な大飢饉（ホロドモール）が進行中のウクライナをソ連統合国家政治局（OGPU。チェーカーの後継機関）の案内で訪問した。メイナードは、ロンドン帰国後、ウクライナに大規模な飢饉はなく、散発的な食糧不足があるのみだ、と主張した。同様に、英国の演劇作家のジョージ・バーナード・ショーは、OGPUのツアーから帰国後、宿泊したホテルには食料が豊富にあり、飢饉の証拠はないと述べた。ポチョムキン村の成功事例である。

ヴァルダイ討論クラブ

スターリン時代が終わり、ソ連と西側諸国との科学技術分野の関係が拡大した一九六〇年代以降、KGBは「ソ連の学者や専門家との交流の意思を明らかにしたブルジョアの研究者や専門家」を重要な標的にした。欧米の研究者が国際会議参加などの名目でソ連や第三国を訪問した際、エージェント（カウンターパートのソ連側専門家）を近づかせ、「打ち解けた懇談」で偽情報を伝えたのである。

KGBとエージェントとの接触は秘密裡に行われたが、プーチン・ロシアは「ヴァルダイ討論クラブ」という半公然の場でそれを行うようになった。これは、プーチンを始めとするロシア政府高官や権威的「専門家」へのアクセスを餌に、一定の影響力を持つ外国のロシア研究者やロシアに同調する政治家、いわゆる「友達」を招待してクレムリンが毎年開催している国際会議である。渡航費や五つ星ホテルの滞在費はロシア政府が丸々負担してくれる。

二〇〇四年以降毎年開催されてきたこの国際会議には累計で八五ヵ国一〇〇〇名を超える学者が参加してきた。招待される学者に共通する特徴は、毎年、プーチン大統領やセルゲイ・ラブロフ外相が何を話すのかに大きな関心を抱き、それら発言の解釈に夢中であることである。参加者の中には、会議のコーヒーブレークのリラックスした会話でロシア政府要人が本音を漏らすと考える者までいる。また、招待客は、プーチンへのアクセスを一種の特権と捉え、これを対外的に誇示する。クレムリンのありがたいメッセージを預かった外国人は帰国後にメディアや学界、ときには政府に対し「欧米の主流の見方は〜だが、ロシアは〜と考えている」というオルタナティブのナラティブを拡散させる。

しかし、ヴァルダイ討論クラブにおけるプーチンの発言や示唆は、受け手の解釈や本国への影響を考えて作成されるものであり、ロシアの政策分析にはむしろノイズとなる。米国のロシア専門家マイケル・コフマンが指摘するとおり、プーチンの発言は、民主主義国の政治家のように実際の政策を説明するのではなく、ロシアの戦略を補助する「演劇的役割」を担うからである。

もちろん、学者であれ、政治家であれ、ロシアに積極的に関与する外国人は、個人の目的や関心を追求しているだけであり、情報機関の指示で動いているわけではないという反論もあるだろう。それはその通りである。しかし、ＫＧＢの教本は、知的レベルの高い外国人ほどソ連情報機関との協力を、自らの独自の活動であると自分に言い聞かせる傾向があると教えている。ＫＧＢの方法論によれば、インフルエンス・エージェントは、ソ連と思想的に完全に一致する必要はなく、記者や専門家を装うＫＧＢハンドラーは、「反米」、「平和主義」、「核兵器廃絶」などの共通項を見つけ、懇談を重ねつつ、そうした共通の視点を広げていく。現代は「米国一極主義」反対などがキーワードとなっている。また、インフルエンス・エージェントは、ロシアの利益を声高に叫ぶのではなく、「表向きは出身国の国益の観点から行動」しているように見えなければならない。ロシアの影響を強く受ける日本の政治家や知識人が、「日本の国益」を枕詞にして対露関係の改善を求めるのには、そのような背景がある。

では、エージェントは、どこで情報機関の指示を受けるのか。ソ連時代は、エージェント居住国のKGBレジデンス（海外駐在所）のハンドラーが面談したり、国際会議参加などを表向きの理由とするソ連訪問の機会が利用されたりした。ソ連崩壊後は、人の往来が自由になり、そうした機会は際限なく増えた。「ロシア領からの諜報」を任務とするFSB将校（ロシア省庁関係者、学者、記者のカバーを使う）は、ロシア国内で行われる商談、会議、文化・スポーツ行事を利用し、敵対国の防諜機関から怪しまれずに多くの外国人と接触できる。また、コミュニケーション手段の発達により、Eメールやメッセンジャーも利用されている。

二〇一六年、ある日本のロシア専門家は、学術調査のためモスクワ滞在中に、ビザ申請の不備を口実に連邦移民局職員を名乗る男たちに拘束・尋問された。尋問ではFSB職員を名乗る者（差し出した名刺は連邦漁業庁職員）が、一〇年間の国外退去にするか、スパイ容疑で徹底的に調べ上げると脅し、台湾に関する情報収集などでFSBに協力すればロシアに来るたびに会いたい人物に会わせ、報酬も支払うと持ち掛けられたという。この専門家は、協力に同意するという趣旨の紙に署名してようやく解放された（塩原俊彦『プーチン露大統領とその仲間たち』）。あまり洗練された方法ではないが、FSBが、SVRに代わり、ロシアを訪問する外国人に対して「ロシア領からの諜報」を行っている例である。弱みを握られた者や既に協力している者の多くが沈黙していることを考えれば、これは氷山の一角であろう。

また、ヴァルダイ討論クラブの場合は、プーチンが演説等で与えるプロパガンダの主要メッセージとともに、ロシアの「友人」との間で行われる様々な半公然の「打ち解けた懇談」もあることに注意しなければならない。大半の者は、ロシアの情報機関の指示など受けていない、自主的に活動している、と認識しているはずである。しかし、まさに研究者が「自主的に」ロシア側の主張を拡散するよう仕向けることは、ハンドラーの極意である。KGBの教本によれば、インフルエンス・エージェントの使用が最も効果的なのは、評価が分かれ、論争がある国際問題に関してである。「ウクライナ危機」はその好例であり、ヴァルダイ討論クラブ参加者は、日本のさまざまなメディアや研究会を通じて、この問題をロシアによる対ウクライナ侵略戦争ではなく、「米国によるロシアへの復讐」、「ネオナチ政権」による「暴力的非合法クーデター」、「ウクライナ内戦」などと説明し、北方領土問題解決へ向けて日露関係をウクライナ問題の犠牲にすべきでないと主張して対露制裁を牽制した。ロシアは、インフルエンス・エージェントを通じて、既に日本の世論、政財界、学界に一定の影響を与えている。

4 フロント組織

偽の反戦NGO・極右組織

ソ連時代は、海外の共産系組織の他に、「世界平和評議会」のような反戦・平和団体がソ連の利益を代弁する「フロント組織」（自らの関与を隠蔽するために利用する組織）としてアクティブメジャーズの手足であったことはよく知られている。他にも、学生・青年・女性系の運動、宗教組織、環境保護団体、「〇〇・ソ連友好協会」なども、非共産圏の世論を米国批判に誘導するのに利用された。

世界平和評議会のメンバーとして西側諸国の「軍拡」にのみ反対した「ソ連平和財団」は「ロシア平和財団」に名称を変えて残り（二〇二二年四月に死去したジリノフスキーに代わり、ロシア自由民主党党首に就任したレオニード・スルツキーが代表）、ユネスコ（国際連合教育科学文化機関）等のパートナー団体となっている。ロシア平和財団は、ロシア正教会やFSBともつながり、二〇二二年にはロシア軍のウクライナ全面侵攻に対して沈黙する一方、ロシア全土で「平和と調和」事業を展開した。

二〇一四年、ロシアの軍事侵攻を受けたウクライナでは、反戦NGOを名乗る者たちがウクライナ各地で「兵士の母」（実際は活動家）を動員した反戦イベントを行い、「政府指導部はオリガルヒと結託してビジネスの利益のために前線で若者を無駄死にさせている」と訴え、徴兵拒否を呼びかけた。ウクライナ国民の士気を挫くとともに、戦争と混乱のイメージを海外メディアに拡散させることを目的としたロシアのアクティブメジャーズによるものであった。

また、二〇〇四年のウクライナ大統領選は、ロシアの支援するヴィクトル・ヤヌコーヴィチと民主派ヴィクトル・ユーシチェンコの対決となったが、その選挙戦の際に極右組織「ウクライナ民族会議（UNA）」代表を自称するエドアルド・コヴァレンコなる人物が、ユーシチェンコ支持集会を大々的に開催して、テレビカメラの前で、外国人排斥などの過激なスローガンを掲げ、ナチスに似た旗を振りながら、ヒトラー式敬礼をしてみせた。ユーシチェンコ陣営は無関係だと否定したが、コヴァレンコの狙いは、ユーシチェンコをナチスのイメージと結びつけて評判を落とすことであった。従来から存在する右翼組織「ウクライナ民族会議＝ウクライナ人民自衛（UNA-UNSO）」は、UNAによるユーシチェンコ支持集会は、ヤヌコーヴィチを支持していたヴィクトル・メドヴェチューク大統領府長官（四二頁）が組織したものだとコメントした。UNAは、UNA-UNSOと名称が似ているが全く関係ない組織であった。このように実在する組織と同一または酷似する名称をつけて有権者を欺く方法を「クローン」と呼ぶ。この事件は、さらに欧米の偽NGO「英国ヘルシンキ人権グループ」が報告書で取り上げ、ユーシチェンコを「ホロコーストを否定するネオナチ組織から支援を受ける候補」と呼んだ。コヴァレンコは、ロシアがウクライナ東部に侵攻を開始した翌年の二〇一五年、FSBの指示を受けてヘルソン州で徴兵反対集会を開催し、ウクライナ保安庁に逮捕された。カメラに向かって過激なスローガンを叫ぶ「ウクライナ民族主義者」の背後には往々にして親露勢力やロシアの情報機関がいるのである。ソ連時代のフロント組織は、組織としての実体があり、長期間にわたり活動したが、現代の政治技術は、使い捨てのNGOや政党を作るのを容易にした。

官製NGO「GONGO」

民主主義国では、NGOは市民社会や民主主義の主要な推進力である。一方、チェキストは、NGOを主権国家に対する内政介入の手段とみなす（八七頁）。ある公開討論会で、プーチンは、一九九〇年代にロシアに対する援助プロジェクトに従事したNGOの米国人の多くがCIA職員だったと語ったことがある。プーチンは、「ミラーイメージの法則」をもとに、欧米がロシアと同じ行動をするはずだと捉えているのである。

現代のアクティブメジャーズは、資金源や活動実態が不明な官製NGO（Government-Organized Nongovernmental Organizationを略してGONGO《ゴンゴ》と呼ばれる）を利用する。GONGOは、民主主義国で生まれた「選挙監視」、「市民社会」、「民間外交」などの概念で真の目的を隠蔽する。ロシアのGONGOは、旧ソ連諸国の親露勢力を支援し、国内情勢を不安定化し、民主化を妨害する。これらGONGOは、反欧米思想に加え、「ゲオポリティカ」（第5章1参照）や「ロシア世界」（同3参照）に共鳴する者を取り込む。

例えば、二〇〇三年に結成されたGONGO「CIS選挙監視団」がある。この組織は、アレクセイ・コチェトコフという自称「政治学者」が代表を務め、旧ソ連独立国家共同体（CIS）諸国で行われる選挙に疑似「選挙監視団」を派遣している。二〇一五年九月、CIS選挙監視団は、「ロシア嫌悪症と対ロシア情報戦争」というテーマの会議を開催し、コチェトコフは「西側のロシア嫌悪症は、冷戦時代のレベルを超えた」と述べた。この会議はロシア政府の他、「市民社会組織発展財団・民間外交」という別のGONGOが後援してメディアでも取り上げられた。後者のGONGOも、二〇一三年にやはりコチェトコフが立ち上げたものである。二〇一四年のロシアによるウクライナ東部攻略以降、コチェトコフは、スルコフ大統領補佐官の主催する「専門家会合」に参加し、反ウクライナのプロパガンダ本を発表している。次章1で詳述するが、コチェトコフのように、クレムリンや情報機関から委託を受け、GONGOやメディアを駆使して世論操作に従事する者を「政治技術者」と言う。

また、旧ソ連諸国と異なり、ロシア語話者が相対的に少ない西欧諸国では、RTやスプートニクのようなロシアのプロパガンダ・メディアは、それほど大きな影響力を持っていない。このような国では、ロシアの影響力の源泉は、地元の政治家や実業家を取り込むGONGOを通した工作となる。二〇〇七年、EU・ロシア首脳会談でプーチン大統領は、「自由な選挙プロセスを確保し、選挙、民族マイノリティの状況、言論の自由を監視する」ため、欧州と協力する姿勢を示してみせた。これを受けて、ロシア公共評議会のメンバーで弁護士のアナトリー・クチェレナ（米国の外交公電をリークした後、ロシアに亡命した元CIA職員のエドワード・スノーデンの弁護を担当）が、独立シンクタンク「民主主義協力研究所」の設立を提案した。クチェレナの所属するロシア公共評議会は、二〇〇五年に創設されたが、ロシア政府組織と同様に国が予算手当をしている。プーチン与党「統一ロシア」の選挙運動に協力するなど、体制が体制のために作り出した偽の「公共」であり、体制のイニシアティブがあたかも「市民」の側から発せられているという幻想を作り出すための組織である。二〇一五年以降、公共評議会は、「積極的市民による共同体」というフォーラムをロシア各地で開催し、プーチン自らも参加している。

さて、このような「公共」のイニシアティブに基づき設置された「民主主義協力研究所」は、米国とフランスに事務所を持つ。ニューヨーク事務所長アンドラニク・ミグラニャンは、ロシアに関するメディア報道のバイアスや米国議会の「画一的、反ロシア的偏見」を指摘し、ロシアに対するネガティブな見方に対抗するのが組織のミッションであると述べた。モスクワ国際関係大学の教授でもあるミグラニャンは、ロシアのクリミア併合をヒトラーによる「アンシュルス」（一九三八年のオーストリア併合）に喩えたロシアの歴史学者アンドレイ・ズボフを批判する論陣を張り、「一滴の血も流さずに」オーストリアやチェコのズデーテン地方を併合したヒトラーは、そこで止めていれば「最高クラスの政治家だった」と褒めたたえ批判を呼んだことで知られる。パリ事務所は、ロシア国家院（下院）の元議員ナタリヤ・ナロチニツカヤが代表に就任した。ナロチニツカヤは、表向きはソ連国連代表部の外交官であったが、初代SVR長官となったプリマコフが率いた世界経済国際関係研究所（三〇頁のとおり、KGB将校にカバーを提供していた組織である）でKGBの仕事をしていたと言われる。ナロチニツカヤのパリ事務所は、フランスのEU懐疑派、反米の知識人や財界人を取り込んだ。

官製の偽民間組織は軍事分野にも及ぶ。一般に、外国への軍事介入は、自国の軍隊を派遣することから始まる。しかし、プーチン・ロシアは、正規軍を派遣せずして軍事介入が可能である。そこでは欧米の民間軍事会社に似せて作った組織が活躍する。シリア、ウクライナ、中央アフリカ、ベネズエラに部隊を派遣する自称「民間軍事会社」のワグナー・グループである。同社は、二〇〇〇年代初期に高級レストランチェーン経営で頭角を現し、プーチンと外国首脳の夕食会のアレンジを請け負ったこともある「プーチンのシェフ」エフゲニー・プリゴジンが所有する（プリゴジンは、「トロール工場」〔一六五頁〕も管理する）。しかし、ロシアの「民間軍事会社」は、欧米の民間軍事会社とは異なり、ロシア軍及び情報機関（GRU及びFSB）が人員のリクルート、装備、ロジスティクスを支援する。また、指揮系統が正規軍に統合される場合もある。この偽「民間軍事会社」は、ロシアが外国での軍事活動を隠蔽する手段なのである。

第4章　メディアと政治技術——絶え間ない改善

ヴィクトル・ペレーヴィンの『ジェネレーション〈P〉』という小説がある。ソ連崩壊後の一九九〇年代、モスクワの露店で働いていた主人公タタルスキーは、コピーライターの職にありつき、幻覚作用のあるマジックマッシュルームの力も借りて、ロシアの消費者向けに西側製品のキャッチコピーを考案することに才能を発揮する（タイトルの「P」はペプシコーラのこと）。ところが雇い主が次々と暗殺され、職を転々とする中、最終的にたどり着いた広告会社で、タタルスキーはテレビ画面に映される政治家は現実には存在せず3Dイメージなのだと教えられる。新しいボスによれば、同社には元KGB職員一〇〇名以上から成る「国民の意思」部があり、彼らが酒場や駅をまわって、存在しない政治家について別荘やランボルギーニを持っているとか、女子児童と卑猥なことをしているなどの噂を広めるのである。タタルスキーは、いったい誰がこの茶番のシナリオを書いているのか聞くが、ボスは「いずれ分かる」と言葉を濁す。

一九九〇年代末にベストセラーとなったこの作品はフィクションであるが、実はクレムリンと「政治技術」の関係の本質をついている。前章で見たKGBのアクティブメジャーズや偽情報の手法は、選挙・世論操作、疑似政党や官製NGOの形でタタルスキーのような政治技術者に引き継がれた。また、サイバー空間のトロール（インターネットの掲示板等で荒らしを行う専門アカウント）やボットを利用したアクティブメジャーズは日進月歩で進化している。その根本的なアプローチは、KGB時代から変わっていない。

1　政治技術

幻想を作る仕事

政治技術者（political technologists）は、一九九〇年代半ばにロシアで生まれた職業である。二〇〇〇年代のロシアのメディアを内側から見た英国人ジャーナリストのピーター・ポメランツェフは、政治技術者を「ハーメルンの笛吹き」に喩えた。政治技術者の大半は、小説の中のタタルスキーのように、「プロジェクト」を受注する側であるが、実績を見出されてクレムリンから声のかかる高位の政治技術者はロシア政治を裏で操る「灰色の枢機卿」（黒幕）とも呼ばれる。ロシアのメディアでは毎年活躍した「政治技術者トップ二〇」というランキングすら発表される。米国でも「スピンドクター」と呼ばれる世論操作専門家がいるが、ロシアの政治技術は、グラースノスチを受けてKGBが開発したメディア・世論操作術を受け継いでいる点に特徴がある。

一九九〇年代の政治技術者は、エリツィン大統領の「ファミリー」として頭角を現したオリガルヒ、ボリス・ベレゾフスキー安全保障会議副書記の周りに集まった。一九九六年の大統領選で、ベレゾフスキーは、テレビを始めとしたメディアを駆使して、誰もが再選不可能と思っていたエリツィンを共産主義者の復讐と極右の台頭（「赤と茶」の脅威）からロシアを救う「唯一の選択肢」に仕立て上げ、再び大統領の座につけた。

二〇〇〇年の大統領選では、ベレゾフスキーは、プーチンを「善人で実直、KGBの男そのものだが、血の通った人間」と信じ、エリツィンの後継者に推した。しかし、プーチンは大統領就任後まもなく、ベレゾフスキーに対する詐欺、資金洗浄、政権転覆罪などの容疑で刑事訴訟の開始を指示した。英国へ政治亡命を強いられたベレゾフスキーは、二〇一三年、ロンドン近郊の住まいの浴室で遺体で発見された。外傷はなく、自殺として処理された。「クレムリンのゴッドファーザー」とも言われたベレゾフスキーですら、プーチンという人間の評価を誤ったのである。

ウラジスラフ・スルコフ
（1964年～）

プーチン政権で、政治技術やメディアのリソースはクレムリンに集約され、そのトップには、ウラジスラフ・スルコフ大統領府副長官が君臨した。スルコフは、二〇〇六年に、ロシア独自の国家観や歴史・文化に基づく「主権民主主義」と呼ばれる概念を提唱し、政策が「ロシア国民によって独占的に選択され、形成され、監督される社会」を理想に掲げた。しかし、スルコフが美辞麗句をちりばめた「主権民主主義」の本質は、プーチン政権の非民主的政策を「ロシアの独自性」を盾に正当化し、その一方でジョージアのバラ革命（二〇〇三年）、ウクライナのオレンジ革命（二〇〇四年）のような民主化革命をCIAやソロス財団（投資家ジョージ・ソロスが市民社会支援のために設立したオープン・ソサイエティ財団）が背後で操る「カラー革命」であると否定することにあった。スルコフは、二〇〇九年にペンネームを使って発表した小説で、事実の存在そのものを否定し、社会に幻想を見させ続けることこそが自らの仕事であり、ゲオポリティカ（第5章1参照）の思想に倣《なら》って、外部勢力が無垢なロシアを攻撃している、という世界観を描いた。

スルコフの下では、露骨な野党弾圧は控え、クレムリンに潜在的に脅威を与えうる思想や運動の内部にエージェントを潜入させてスキャンダルを起こさせたり、外見上は政権と距離を置く「独立系」政党のリーダーを裏でコントロールしたりした。スルコフを技術面で支えたのが、政治技術者の先駆者として知られるグレブ・パヴロフスキーである。パヴロフスキーは、一九七〇年代にペンネームを使って体制批判の記事を地下出版（サミズダート）で発表した。一九八二年、KGBの取り調べを受けたパヴロフスキーは、KGBへの協力を約束することで、懲役刑から北極圏に接する僻地のコミ自治共和国での隠遁生活に減刑された。KGBに仲間を売ったパヴロフスキーは反体制派から警戒されるが、ペレストロイカ期にはモスクワに戻った。

一九九〇年代末、パヴロフスキーが設立した「効率政治財団」は、プーチンのための与党「統一」（二〇〇一年、「統一ロシア」に改組）の立ち上げを支援した。「統一ロシア」の顔として、当時国民から最も人気のあった大臣セルゲイ・ショイグー非常事態相（二〇一二年～、国防相）を担ぎ上げた。早くからインターネットの影響力に注目し、ロシアで最初のニュースサイト「レンタ・ルー（Lenta.ru）」や「ガゼータ・ルー（Gazeta.ru）」を立ち上げたパヴロフスキーは、エリツィン大統領の後継者としても名前が挙がったモスクワ市長ユーリー・ルシコフやその取り巻きの殺人関与や汚職など虚実混交の疑惑（コンプロマット）を集めたウェブサイトや、市長公式サイトそっくりの「非公式サイト」を立ち上げ、テレビやニュースサイト、「ジンサー」と呼ばれるヤラセ記事を通した中傷キャンペーンを展開した。

ハイブリッド体制の政治

民主主義国についての政治分析では、指導者の発言や政府の発表、選挙の結果、議会審議、裁判所の判決等を分析することは大きな意味を持つ。一方、ロシアは、形式的には民主的制度を備えるが、その実態は権威主義と変わらない「ハイブリッド・レジーム（体制）」と呼ばれる。このような体制では、非公式な慣習や手続きが公式な制度よりも上位にある。我々が前提としている民主主義国の常識を投影して、建前上の法制度を列挙したり、「選挙」の結果だけを評価することは、内外に自らの正当性をアピールしたい体制を助けることになる。

例えば、ロシアの最大政党「統一ロシア」は、民主主義国の「与党」には相当しない。「統一ロシア」は、プーチンの行政権（大統領）に立法府（議会）を従属させ、骨抜きにするために作られた政党である。そのため、プーチンが「統一ロシア」を管理する。民主主義国のように選挙に勝利した与党が政権や政策に影響を与えたり、牽制するのとは逆である。ロシアの「議会」には、この他に、ロシア自由民主党（前述のとおり、ソ連共産党とKGBが作った政党である）、ロシア共産党、公正ロシアの三党が議席を持つが、いずれも体制内野党と言われ、統一ロシアとともにクレムリンの決定を儀式的に追認する役割を与えられている。

クレムリンは、反体制派の政治参加や集会を妨害するために、税務署、消防署等の規制機関の検査、裁判所の判決を広く使う。これは、事実上の政治的迫害を法律上の技術問題にすり替えることで国際社会の非難を回避できるメリットがある。二〇一八年の大統領選でプーチンの再選に潜在的脅威を与えた人気ブロガーのアレクセイ・ナワリヌイは、キーロフ州知事顧問時代の「横領罪」を捏造され、二〇一七年二月に禁錮五年の実刑判決（執行猶予付き）を受けた。ロシア選挙管理委員会は「刑期」を理由に同人の立候補を受け付けなかった。

ハイブリッド体制では、選挙の数ヵ月前から、行政資源やメディアを利用した体制側候補の応援に加え、反体制派候補に対する集会の妨害、圧力や立候補不受理、信頼低下工作などの「低強度の圧力」が始まる。このような国家では、体制が介入して真の野党候補が出馬できない仕組みになっているので、体制側候補の「圧倒的」得票数や投票当日に大規模な不正がないことだけをもって選挙が民主的に行われたと評価することはできない。それもあって欧州安全保障協力機構（OSCE）の選挙監視は、選挙当日だけではなく、準備期間を含む数ヵ月前から始まる。OSCE選挙監視団は、二〇一八年にプーチンが再選した大統領選は真の競争を欠くと結論づけた。

それでも、民主的選挙の演出のため、真の野党（候補）が出馬を許されることもある。この場合、ハイブリッド体制は、スポイラー（妨害）政党や技術候補と呼ばれる偽の野党候補を立てて、真の野党候補から票を奪う。二〇〇七年の国家院（下院）選挙ではプーチン政権に批判的な真の野党「ヤブロコ」からリベラル票を奪うために、リベラルの看板を掲げた「市民の力」党や「ロシア民主党」から技術候補が出馬した。両党の得票率は、議席獲得に必要な七％には遠く及ばない一％、〇・一％だったが、ヤブロコの議席獲得を不可能にした。また、「スパーリング・パートナー」は、実質的に競争のない選挙に見かけ上の「競争性」を持たせるためにクレムリンが出馬させる候補である。その典型は、二〇一八年のロシア大統領選に「反プーチン」候補として出馬して得票率二％に満たなかったクセニア・サプチャクである。サプチャクは、二〇〇〇年に怪死したプーチンの元上司で民主派と言われたサンクトペテルブルク市長アナトリー・サプチャクの娘であり、非政府系テレビ局「ドーシチ（雨）」のトークショー司会者であり、リベラルなイメージがあった。サプチャクは、立候補後に国営テレビへの出演を許され、その政策はクレムリンが立候補を阻止したナワリヌイのマニフェストの模倣だったが、ナワリヌイが要求していた汚職高官の公職追放には反対した。ちなみに反プーチン候補のはずのサプチャクは、二〇一四年には「一滴の血も流されなかった」クリミア併合は、「プーチンの偉大な勝利」とツイートしている。

テレビの乗っ取り

テレビのコントロールは、盤石なプーチン体制確立へ向けた最初の一歩であった。一九九〇年代には競争関係にある複数のオリガルヒの下に非政府系テレビが何社も設立され、いくらかのメディア多元性があった。しかし、二〇〇〇年のプーチン政権発足以降、主要なチャンネルはクレムリンの管理下に組み込まれていく。

ロシアのケーブルテレビ網には、政府所有のRTR（ロシア１）の他、NTVと第一チャンネル（ORT）の三大チャンネルがある。所有形態や経緯は異なるが、これらは事実上の国営放送である。NTVは、一九九三年にウラジーミル・グシンスキーのメディアモスト・グループ等が資金を提供する純粋な商業チャンネルとして開始し、エフゲニー・キセリョフがアンカーを務める報道番組「イトーギ」、人形劇による政治風刺番組「クークラ」等の看板番組を持っていたが、第一次チェチェン戦争でチェチェン側に同情的報道を行ったことがエリツィン政権の不評を買い、アレクサンドル・コルジャコフの警護総局（GUO。KGB第九局の後継機関）による事務所家宅捜索など圧力をかけられた。NTVは、二〇〇〇年の大統領選前には、前年のFSBによるリャザン・アパート爆破未遂疑惑の特集を組んだ。この事件は三〇〇名を超える死者を出した一九九九年夏のモスクワ等でのアパート連続爆破事件と同様、FSBが第二次チェチェン戦争開戦の口実とするために仕組んだ自作自演の「テロ」であると見られている。パトルシェフFSB長官は、リャザンの事件は訓練であり、アパート地下で発見された爆薬は「砂糖」であったと苦しい言い訳をした。自らの政治生命を危らくするNTVに対し、プーチンは、エリツィン退陣後もメディアに影響力を持っていたオリガルヒのボリス・ベレゾフスキーを通して第一チャンネルにNTV幹部を批判させ、大統領就任から数日後にはグシンスキーのグループ会社を家宅捜索、一ヵ月後にはグシンスキー本人を逮捕した。数日後、釈放されたグシンスキーは逃げるようにスペインに移住した。

このような政権側の脅迫により、NTV株式の六五%が政府系のガスプロム・メディアに移り、NTVは事実上の国営放送となった。これに抗議してNTVを辞職したエフゲニー・キセリョフは、その後、ウクライナに移住し、テレビのアンカーマンとして活躍することになる。

ベレゾフスキーの力を借りてグシンスキーを失脚させたプーチンだが、今度はそのベレゾフスキーを標的にした。一九九〇年代、第一チャンネルは、株式の五一%は政府所有(国家財産管理庁)で、残りの株式は複数の民間銀行が所有し、とくにベレゾフスキーが影響力を持っていた。第一チャンネルも、第二次チェチェン戦争の激化(プーチン政権は「安定化が始まった」と説明していた)や原子力潜水艦クルスク沈没事故の遺族が政権の嘘を批判するインタビューを報道し、プーチンの逆鱗に触れた。プーチンは人質を使った。ベレゾフスキーによれば、ビジネスパートナーのロマン・アブラモヴィチがプーチンとの仲介役となり、当時ベレゾフスキーが避難していたフランスに来て、第一チャンネルの株式を手放せば政権が逮捕したベレゾフスキーの部下の元アエロフロート副社長を釈放すると約束したという。このようにして、第一チャンネルの株式は、アブラモヴィチを経由してプーチンらの協同組合「オーゼロ」メンバーのユーリー・コヴァリチュークに移り、第一チャンネルはアレクセイ・グローモフ大統領報道官などが理事会に名前を連ねるプーチンのチャンネルとなった。グローモフは、プーチンの全幅の信頼を受け、毎週のテレビ局幹部とのミーティング、クレムリンの御用記者クラブ（「クレムリン・プール」と呼ばれる）を引き受けるテレビの番人となった（二〇〇八年にはメディア担当の大統領府副長官に昇進）。また、政府所有のRTRチャンネルを管理する全ロシア国営テレビ・ラジオ放送会社には、二〇〇二年、アクティブメジャーズを担当するロシア連邦保安庁（FSB）支援計画局長ズダノヴィチが副社長として出向した。

ニュースサイトの国家管理は、ウクライナのユーロマイダン革命前夜の二〇一三年末に政権から距離を取っていたリアノーボスチ通信を解散させ（名前だけは残した）、同社を母体に巨大な国策メディア企業「ロシア・セヴォードニャ」を創設することでほぼ完結した。プーチンは、初代社長に「ロシアは米国を核の灰と化すことができる」などの過激な反欧米発言で知られるドミトリー・キセリョフを任命した。ロシアは、三大チャンネルや三大通信社（リアノーボスチ、タス、インテルファクス）、ソーシャルメディアを総動員し、ウクライナの革命は欧米の「スポンサー」の支援により極右民族主義者や「ファシスト」が実行した「クーデター」であるというネガティブキャンペーンを展開した。その結果、二〇一四年三月に非政府系世論調査機関レヴァダ・センターが実施した調査によれば、ロシア人の八八％が「クリミア編入」を支持し、違法な併合を批判する声は七％にとどまった。下落傾向にあったプーチンの支持率は、一気に九〇％付近まで跳ね上がった。

平均的なロシア人は、一日約四時間テレビを観ていた。インターネットの普及はあるが、ほとんどのロシア人はテレビを通してニュースを知る。言論の自由がないソ連時代を生き抜いた人々にはプロパガンダへの「免疫」が備わっているはずだという一部専門家の見方は楽観的過ぎた。平均的なロシア人は仕事を終えて帰宅して食事をとった後、リラックスして夜九時前後にテレビをつけ、プライムタイムの三大チャンネルのニュース番組を観るのが習慣になっている。クレムリンでテレビを管理するグローモフはこのことをよく知っていた。

政府に批判的な報道を行っていたテレビ局「ドーシチ」は、二〇一二年にナタリヤ・シンデエヴァ社長が、メドベージェフ大統領を会社視察に招くことでケーブル網への参入が辛うじて認められていたが（このためにシンデエヴァは社内でメドベージェフ批判・風刺をやめさせた）、二〇一四年初頭のウクライナでのユーロマイダン革命前夜にケーブル網から締め出された。三大チャンネルとは異なり、ウクライナでの出来事をありのままに伝えていたことが邪魔になったのだと見られている。ネットの有料放送となった「ドーシチ」は多くの視聴者を失った（全国世論調査によると、ドーシチの視聴者は国民のわずか二％）。

専門家会合とテーマ集

ロシアメディアの報道は、第二次大戦中にソ連軍外国語学校に開設された特殊宣伝課程に端を発する伝統的な政治・軍事プロパガンダに基づき、都合のよい情報の切り貼りの他、ワンフレーズ化（例えば、ウクライナのオレンジ革命を「オレンジ疫病」と呼ぶ）、政治神話との関連づけ（一八九頁で触れる「ファシスト」）、感情に訴える煽動（一七三頁で触れる「ウクライナ軍による子どもの磔」のフェイク）、単純化・二項対立化（一七七頁で触れる「ロシア嫌悪症」）などの手法やレトリックを用いる。

ロシア国内には複数のテレビチャンネルやニュースサイトがあり一見多元性が保たれているかのようにも見えるが、視聴者の多い全国規模メディアのナラティブはきれいに統一されている。なぜ、そうなるのか。それはクレムリンがニュースのアジェンダやストーリーラインを指示する「テーマ集」（テムニク）を基に番組作りや報道が行われているからである。

テーマ集は、一九九〇年代末、クレムリンとNTVの対立が激化した頃から現れるようになったと言われる。ロシアのテレビ局で働いたことのあるポメランツェフは、クレムリンは、週一回メディア関係者を集めた「専門家会合」を開催し、誰を攻撃して誰を守るべきか、プーチンをどのように映すか、国民が何を考え、どのような感情を持つべきかを指示し、あたかもロシア社会を大きなリアリティショーのように管理していた、と言う。この指示を受けて、政治トークショーの司会者は、オリガルヒ、米国、中東などのテーマについて、示唆、説得、着想を交ぜながら語りかけ、「彼ら」や「敵」のような言葉を繰り返し視聴者の頭に刻み込む。国内政治全般に関するテーマは、スルコフ大統領府副長官が担当し、主要なテレビチャンネルのテーマは、ミハイル・レーシン出版テレビマスコミ相（二〇一五年、米国で怪死）やグローモフ大統領報道官が担当した。グローモフの執務室には、マリヤ・ザハロワ外務省報道官などの省庁や議会の広報担当者も出入りし、『コメルサント』、『コムソモリスカヤプラウダ』、『RBK』などの主要紙に対してもプーチンの動静や選挙の報道に細かな指示を与えた。

ロシアがクリミア併合に踏み切った直後の二〇一四年三月末にロシアのハッカー（シャルタイ・ボルタイ）がリークしたテーマ集を見てみよう。クリミアの話題は、以下の論点が強調されるよう指示された。

1. ウクライナ独立後の二三年間でクリミアが発展から取り残され、その責任がキエフの当局にあることを確認する。ロシア政府の目標は、クリミアの生活の質をロシアに近づけ、新たな息を吹き込むことである。（……）

2. クリミアでの夏季休暇シーズンを宣伝するために積極的に努力すること。クリミアは近くて、安全で、心の通う同胞が住んでいる。

これらはクリミア併合の正当性について、ロシアの国内視聴者を説得するためのものである。一方、ウクライナの国内情勢は、「無法地帯」と「混乱」というキーワードで伝えられ、「ナチスが政府庁舎を占拠」し、政府は「恐怖で麻痺」、経済も崩壊寸前で予算枯渇、それにもかかわらずウクライナの政治家は自己利益のために権力闘争を繰り広げていると報道するよう指示が出された。これらのナラティブは、ロシアのテレビ視聴者だけでなく、外国のロシア専門家や知識層にも浸透した。

一方、攪乱だけを目的とするテーマ集もある。二〇一四年のマレーシア航空機撃墜事件の直後にクレムリンのメディア担当者がブロガーに拡散させたテーマ集を見てみよう。撃墜の翌日、政治技術者のチェスナコフ政治動向センター所長はスルコフ大統領補佐官に、ウクライナ各地の親露的なジャーナリストやコメンテーター五〇名超に発表させるため、同事件について複数の「説」を提案した。以下はそのいくつかである。

・ウクライナ政府は、和平プロセスを決裂させ、武力シナリオの実現を目指し、ドネツク・ルガンスク両人民共和国を挑発している。
・ウクライナ政府は、欧米の支援の下、ロシアとプーチン個人に罪をなすりつけようとしている。
・この事件は、弱体化したウクライナ軍を救済し、戦略的に優勢なポジションを取り戻すために仕組まれたもの。
・マレーシア機を撃墜することができたのは、ドネツク人民共和国の領土に配備されていたウクライナの防空ミサイルだけだ。事件直前に、同ミサイルが戦闘準備態勢となったという情報がある。

こうした陰謀論は、事件の背景や因果関係をうやむやにし、欧米の主要メディアが伝える情報の信憑性に疑念を植え付けるために拡散される。

二〇一四年に創設されたウクライナ危機メディアセンター（UCMC）は、二〇一四年七月から二〇一七年六月まで三年間にわたり、ロシアの主要三大チャンネルのニュース及び政治トークショーの内容分析を行った。ロシアがネガティブなナラティブで報道する国・地域別の割合は、欧州三九％、ウクライナ三一％、米国二七％、EUの東方パートナーシップ対象国（アルメニア、アゼルバイジャン、ベラルーシ、ジョージア、モルドバ）三％であった。プーチン政権は、EUの推進する民主的価値観を体制への脅威として捉えている。そのため、欧州に関するテーマ集の九割は、「悲惨な生活」「退廃する欧州」「抗議活動」「テロ」「難民危機」などのネガティブなナラティブから構成される。欧州をネガティブなナラティブで描いたニュースはロシアのテレビで一日平均一八件もある。コカコーラ社のCMが一日平均六件であることを考えれば、視聴者への潜在的な影響の大きさが推測できよう。

浸透される「リベラル派」

本書では、「反体制派」や「リベラル（自由主義）」をときどき括弧書きしている。というのも、ロシアではこれらの勢力の大部分はプーチンと同じ歴史観（クリミアはロシアの一部、ロシア人とウクライナ人は同一民族）を共有する上、絶えず体制側の浸透や懐柔のリスクに曝《さら》されているからである。

ラジオ放送「モスクワのこだま」は、一九九〇年代はグシンスキーの銀行モストバンクが所有していたが、グシンスキーの失脚でガスプロムの下に入った。その編集長アレクセイ・ヴェネディクトフは、「リベラル」として知られるが、二〇一四年のロシアのウクライナ東部侵攻を「ウクライナの内戦」と呼ぶ。

ヴェネディクトフは、クレムリンの指示に基づき非常に繊細な工作を実行する。二〇一四年には、ロシアのクリミア併合を国際法違反と批判した人気ブロガー、ナワリヌイの自宅を訪問して長時間にわたる誘導的なインタビューをし、「クリミアはサンドイッチではないので、簡単にやりとりすべきではない」という発言を引き出し、ナワリヌイに期待した欧米識者の落胆を呼んだ（ただし、ナワリヌイ自身も、二〇一二年にロシア人とウクライナ人は「同一民族」であると述べ、クリミア併合は違法としつつも、問題の解決のためにはロシアのクリミア占領を終わらせるのではなく、その帰属を決めるためロシアとウクライナが共同で合法的「住民投票」を行うべきだと主張するナショナリストである）。二〇一五年にヴェネディクトフに対する抗議から、「モスクワのこだま」を去った共同創始者セルゲイ・コルズンは一九九〇年代の自由な「こだま」はもう存在せず、脳死状態にあると述べた。

別の例を見てみよう。「反体制派ジャーナリスト」と呼ばれるエカテリーナ・ヴィノクーロヴァという記者がいる。二〇一五年に暗殺された反プーチンの有力政治家ボリス・ネムツォフの意思を受け継いで反体制派の政治家や記者が連名で発表した報告書『プーチンと戦争』の共著者のひとりでもある。二〇〇六年に、ヴィノクーロヴァは、ベラルーシの首都、ミンスクのロシア大使館前で「プーチンのいないロシア、ルカシェンコのいないベラルーシ！」というスローガンを叫び、五年間ベラルーシ入国禁止となったことがある。しかし、ヴィノクーロヴァは、過去にクレムリンの官製政党の政治マネージャーとして働いていたことを認め、また、二〇一五年末には親クレムリン若者組織「ナーシ」（二二四頁）幹部のクリスチナ・ポトゥプチクの誕生会に参加していたことが明らかになった。二〇一九年、ヴィノクーロヴァは、ロシアのプロパガンダ放送RTへの移籍を発表し、さらにプーチンの人権評議会のメンバーにも就任した。同じように、海外に亡命したミハイル・ホドルコフスキーが立ち上げたオープン・ロシア財団のモスクワ支部長マリヤ・バラノヴァ、「モスクワのこだま」ヴェネディクトフ編集長の補佐レーシャ・リャプツェヴァも二〇一九年に揃ってRTへ移籍した。これら化けの皮が剝がれたプーチン支持者たちは、なぜ反体制やリベラルとされる人物や団体に近づいたのか。

体制に批判的な組織にエージェントを送り込むのはロシアの情報機関の伝統である。二〇一三年、政権に批判的な記事を掲載するノーヴァヤ・ガゼータ紙は、同紙広告部門が雇用したマリヤ・クプラシェヴィチが、「プーチンのシェフ」エフゲニー・プリゴジンの秘密組織の差し金であったことを明らかにした。クプラシェヴィチは数ヵ月の試用期間中に、社内の共有ファイルから大量のデータをディスクにコピーして持ち出し、編集部のオフィスの写真（盗聴器や捏造証拠物件の設置に使われる）をプリゴジン側のハンドラーに渡していた。さらに、ノーヴァヤ・ガゼータ紙の信用を失墜させるアクティブメジャーズも計画していた。

二〇二二年、プーチン政権の汚職追及を行っていたアレクセイ・ナワリヌイのチームのメンバーで、「反体制派」ミハイル・ソコロフは、数年以上にわたりFSBのエージェントとして、チームの内部情報をFSBのハンドラーに漏らしていたことを記者に暴露した。協力しなければ徴兵逃れの罪で投獄すると脅されたという。二〇二一年にモスクワ市裁判所によってナワリヌイの組織の活動が禁止され、ナワリヌイの仲間がジョージアに拠点を移すと、FSBはソコロフをジョージアに送り込み、仲間の動向とジョージア情報機関の動向を探るよう指示した。FSBは、CIAがジョージア情報機関や亡命ロシア人組織を通じてロシアで「カラー革命」を起こそうとしていると警戒しているのである。

一方、あたかも全ての反体制派がFSBに浸透されているかのような極端な見立てにも注意が必要だ。KGBのコンプロマットの伝統に基づけば、FSBは真の反体制派に対しては「FSBとの協力」説を流して、欧米に疑念を植え付けて反体制派への支援を躊躇させるという手法を取りかねないからだ。真の反体制派なのかどうかの判断には、健全な猜疑心の下での個別の精査を必要とする。

2　サイバースペースでの展開

ジョージア侵攻と検索サイト

二〇〇八年夏のロシア・ジョージア戦争は実質、五日間で終わった。北京五輪開会式の前日に始まったこの戦争は、独立を求める「南オセチア」（ロシアに隣接するジョージア北部の地域）にジョージア軍が侵攻し、ロシア軍が同地域の人々を守るために応戦して始まった、とロシア側は主張しているが、そう単純なものではない。その四ヵ月前、NATOブカレスト首脳会合は、ジョージアとウクライナのNATO加盟の意向を歓迎し、時期や段取りについてはロシアの反発を恐れる独仏の反対で合意できなかったものの、両国の将来のNATO加盟を確認した。これに対し、ロシアは、ジョージア領西部のアブハジア自治共和国に駐留する「平和維持部隊」と称するロシア軍の増強、鉄道部隊の派遣、「コーカサス二〇〇八」演習などでジョージアを挑発した。この非対称な軍事的圧力に心理的に耐え切れず、ミヘイル・サーカシビリ大統領は軍を進め、「先に手を出した」。ロシア軍は待ってましたとばかりにジョージア北部に侵攻し、これを占領、サーカシビリ大統領を屈服させ、同国内の「南オセチア共和国」と「アブハジア共和国」の独立を承認して、ジョージアのNATO加盟への道をふさいだ（国内の民族紛争や他国との領土問題の解決は、NATO加盟の前提条件の一つである)。二〇〇三年のバラ革命で誕生したサーカシビリ大統領の下で、西側に向かうジョージアを「影響圏」にとどめたいロシアの地政的動機に基づく戦争であった。形式上の最高司令官は五月にプーチンから大統領職を引き継いだメドベージェフだったが、北京五輪開会式出席を切り上げ、戦線に近い北コーカサス軍管区に急行したのはプーチンだった。誰が指揮を執っているかは明らかだった。

ドミトリー・メドベージェフ（1965年〜）

ロシア政府・軍の巧みな欺瞞や偽情報により、欧米世論はこの戦争を「ジョージアによる南オセチア侵略」と受け止め、全てがモスクワの思惑通りに運んだように見えた。しかし、クレムリンには不満が残った。それは、国内のニュースサイトの存在であった。ネットの普及に伴い、毎朝、人々は新聞よりも、検索サイトのトップニュースを通して世の中の出来事を知るようになっていた。この年の九月、ロシア最大の検索サイト「ヤンデックス」の社長が、メドベージェフ大統領に呼び出された。その数日後、二人のクレムリン高官が同社を訪れた。「主権民主主義」イデオロギーを提唱したウラジスラフ・スルコフ大統領府副長官とその右腕で内政を統括するコンスタンチン・コスチンである。

ヤンデックス社の担当者は、クレムリンからの客に、トップニュースが選ばれる仕組み（アルゴリズム）、ニュースのタイトルを決めるルールを説明した。ロシア・ジョージア戦争関連のニュースのスクリーンショットを見せながら、なぜ一五件のニュースのうち二、三件がジョージアのメディアを引用しているのかについて話したとき、スルコフは説明を遮《さえぎ》り、リベラル系メディアのニュースを指さし、「これは我々の敵だ。我々には必要ない」と述べた。クレムリンは、テレビ報道のアジェンダを決めるように、検索サイトのアジェンダもコントロールする必要があったのである。ヤンデックス社はクレムリンの要求に抵抗したが、不承不承、クレムリンにとって不都合なニュースに対してコスチン内政局次長が照会できる電話ホットラインを設けることを受け入れた。

二〇二二年二月、ロシアのウクライナ全面侵攻に際して、ヤンデックスのトップニュースは、ロシアの「特別軍事作戦」を伝えるリアノーボスチ、タス、RT等の国営通信社や親クレムリンのサイトが独占した。ロシア軍による虐殺で知られることになったキーウ近郊の町「ブチャ」で検索しても、あたかも虐殺がなかったかのように、ウィキペディアによる町の紹介や公式サイトが表示された。

博覧会からソーシャルメディアへ

一九五〇年代末の「雪解け」期にモスクワで開催された米国博覧会は、会場の外まで長蛇の列ができるほどの大成功を収めた。一九七九年のソ連のアフガニスタン侵攻を受けて文化交流が停止されるまで、一六八〇万人のソ連人が米国博覧会を訪れ、米国の最新技術や高い生活水準（テレビ、ステレオ、ファッション、コーラ）を目の当たりにし、ソ連の経済や科学技術の遅れを実感する。これを見たソ連共産党とKGBは、ソ連人の前で米国の面目をつぶすさまざまな妨害措置を講じた。米国人スタッフによる「思想サボタージュ」防止を目的とする特別グループが秘密裡に結成され、党のプロパガンダ課及びKGB職員から訓練を受けた。メンバーは、米国博覧会の開催期間中、「会場で起こった議論の展開に影響を与える」ため、一般観覧者に扮して会場に張り付き、米国の工業分野の成果を説明する米国人ガイドにベトナム戦争、人種差別、ケネディ大統領暗殺などの不都合な質問を投げかけて困惑させた。このような大衆の議論をコントロールする伝統は、博覧会からソーシャルメディアのディスカッションに場所を移して、今も続いている。

二〇〇四年のオレンジ革命でヤヌコーヴィチ側の選挙不正に抗議したウクライナの若者のパワーを見たスルコフは、ロシアで将来起こり得る民主化革命に対抗するため、愛国的若者組織「ナーシ」（二二四頁）を立ち上げた。この若者組織は、クレムリンのソーシャルメディアへの介入の中心的存在となった。二〇一二年、元ナーシ代表でロシア青少年庁長官のヴァシリー・ヤケメンコとナーシ広報担当のクリスチナ・ポトゥプチクのメールがリークされた。それによれば、ナーシは、ネット上のヤラセ記事を日常的に発注していた。二〇一一年のナーシの内部会議で、プーチンの再選を目論むヤケメンコは、ナーシのメンバーに対し、サクラの投稿者に求められる資質について以下のように指示した。

バランスのとれた言葉遣いで文章が上手な者。アホではなく、議論に参加して、それを展開できる能力が必要。我々の投稿やフォーラムにコメントする形で、基本的には野党を批判し、プーチンを称賛する（……）大多数の者が我々を支持しているという印象を作る。

ブログやニュースサイトへの投稿者には、「（iPadを贈呈のうえ）月六五一件のコメント、四四件のディスカッションで、五万ルーブル（約一三万円）」のように出来高で給与が支払われた。ジャーナリスト学部の学生もいた。

若い世代では、ブログが人気を失い始めていた。動画の時代に入っていたのだ。若者中心のナーシは、ユーチューブを始めとする動画についても対応は速かった。二〇一一年、ナーシは、中高生にも人気のある動画クリエイターのユーリー・デグチャリョフを雇った。デグチャリョフは、ユーチューブを米国による世界支配のための「情報戦の兵器」とみなし、ロシアは欧米に対抗する動画ブロガー戦士を育成する必要があるという持論を展開していた。

この見方はロシアでは特殊ではない。プーチンを始めとするチェキストは、インターネットはCIAによって完全にコントロールされていると考えている。このため、ロシアに米国の影響を受けない独自の「主権民主主義」が必要なように、ロシア独自の情報空間を維持する「主権インターネット」が必要であると考えるのである。ガスプロムメディアは、ユーチューブを模倣したロシア版「ルーチューブ」の管理をデグチャリョフに任せた。

二〇一一年、ナーシ広報担当のポトゥプチクは、内部のメールで、プーチンを再ブランド化する必要性を説き、ロシア最大のソーシャルメディア「VKontakte」（フコンタクテ）で、プーチンのイメージを強化する動画プロモーションを行うべきと提言した。これに応え、デグチャリョフが作ったのが、二〇一一年一〇月のプーチンの五九歳の誕生日を祝うビデオクリップであった。反体制派の批判を嘲笑する巧みな内容であった。また、ユーチューブでも「プーチン」と検索したときに上位に入る動画（もちろん、プーチンに関する肯定的な内容である）が作られた。ナーシは、クレムリンから資金提供を受け、プーチンを題材にしたポップな動画やユーモアと陰謀論の境界が曖昧な「おもしろ動画」を作成するとともに、プーチンの動画が上位に入るようにＳＥＯ（検索エンジン最適化）対策のプロを雇った。

米国大統領選とトロール工場

二〇一六年一〇月二二日、土曜日。米国ノースカロライナ州のシャーロット（同年九月に黒人男性が警官に射殺される事件が発生）の中央公園に数十人の人々が集まり、警察による黒人差別に反対するスローガンを叫びながら、地元警察署まで行進した。このイベントは、フェイスブックのコミュニティ「BlackMattersUS」を通じて呼びかけられた。二〇一七年までの間、このコミュニティは、同様の集会を一〇回程度開催した。集会参加者は、このコミュニティが、米国の「Black Lives Matters」運動とは何ら関係なく、遠く離れたロシアのサンクトペテルブルクから組織されているとは疑うべくもなかった。

サンクトペテルブルクのオリギノ地区のインターネット・リサーチ・エージェンシー（IRA）、通称「トロール工場」の名を世界的に有名にしたのは、二〇一六年の米国大統領選である。しかし、その活動は二〇一三年頃には始まっていた。IRAに潜入取材したノーヴァヤ・ガゼータ紙によれば、地元サンクトペテルブルク国立大学の現役学生や卒業生などが一シフト一二〇人の三交替制で勤務し、元ナーシ「セリゲル」キャンプ（二二四頁）運営者の指示に沿って、ニュース記事に一人当たり一日一〇〇件程度のコメントを書いていた。ナワリヌイやオバマの風刺画像（ミーム）を作る部署もあった。また、IRAが密かに運営するブログは、実在する個人に見せるため、プロフィールの趣味を詳細に記述したり、ペディキュアの塗り方、クッキーの焼き方など政治からかけ離れたトピックを投稿したりした。さらに、IRAは、「ハリコフ通信社」のようなウクライナの地方ポータルサイトに偽装したサイトを運営し、ウクライナ政府に関するフェイクニュースを拡散していた。

IRAには、英語に堪能な者が勤める「外国部」があり、九〇名のスタッフを抱える米国課はその中でも最大の部署であった。同課のスタッフは、米国人になりすましてネット上の討論に参加したが、ロシアやプーチンに言及してはならなかった。目的は、ロシアの肯定的なイメージを売り込むことではなく、米国人に反政府的気分を植え付け、混乱や不満を引き起こし、オバマ政権の支持率を低下させることだからだ。そのため「オバマは最悪、プーチンは偉い」というロシア国内向けの単純なレトリックは禁止された。米国人の意見に影響を与え、討論に引き込むためには、より洗練された論法や問題設定が必要となる。トロールにも米国が抱える主要な社会問題（人種差別、税・社会保障、同性愛、銃所持等）についての一定の知識が求められた。

最初に、米国主要メディアのリストが渡され、ニューヨークタイムズ紙やワシントンポスト紙のコメント欄でどのような議論が行われているか大まかな傾向を把握した後、トロールはその議論に加わり、巧みに誘導して炎上させる。例えば、同性愛者の話題については、同性愛を禁じる宗教の視点を持ち込み、信仰心が強い層を刺激するコメントをする。同じように、黒人差別問題では、ときには急進リベラル、ときには急進保守になったり、双方の立場を演じ分けて炎上させる。KGBの対米偽情報は米国の反政府活動家と同じスローガンを採用してソ連の干渉を隠蔽したが、現代のトロール工場も新しい反米運動を組織するのではなく、既にある論争を利用する。

二〇一六年の米国大統領選には、一〇〇名態勢で二〇〇万ドルが費やされ、六〇〇万のフォロワー、毎週七〇〇〇万人の米国ユーザーへのリーチがあった。ヒラリー・クリントン候補の選挙活動には徹底した介入が行われ、「(夫のクリントン元大統領に続き、) またクリントンか。クリントン家にはウンザリだ」というテーマが展開された。また、GRU(軍参謀本部の諜報機関)がルーマニアの個人ハッカーの仕業に見えるように偽装してハッキングし、ウィキリークスに暴露させたクリントン陣営の電子メールも利用された。ロシアRBK誌の独自調査によれば、IRAは、ソーシャルメディアのコミュニティ一二〇件以上を作成したが、米国人を騙るツイッターアカウントの半数は「+7」(ロシア)から始まる電話番号に登録され、英語は流暢であったが、ロシア語に由来すると思われるミスが時折見られた。

IRAと関係する約二八〇〇件のアカウントの約三〇〇万件のツイートを分析した米国クレムソン大学の研究者は、アカウントを機能別に、①黒人差別反対運動を推進して民主党を分裂させようとする「左翼トロール」、②トランプ支持者を模倣し、反移民政策を主張する「右翼トロール」、③地元ニュースのアグリゲーター(まとめ)アカウント、④ハッシュタグ専用アカウント、⑤恐怖煽りアカウント、に分類している。投票行動への影響は簡単には測定できないためトロールの効果を疑問視する声もあるが、上記三〇〇万件のツイートをコレスポンデンス分析した結果によれば、IRAアカウントが関与した「#BlackLivesMatter」をめぐるツイートには、議論の二極化の傾向が有意に見られた。二極化は、似通った者同士で批判的視点を欠く「エコー・チェンバー」状態を形成し、誤情報を拡散しやすくした。

IRAは、陰で「プーチンのシェフ」プリゴジンが管理していた。IRAと同じオフィスには、「連邦通信社」（FAN）を始めとする一六以上のニュースサイトが入っていた。このプリゴジンの「愛国メディアグループ」は、急成長し、二〇一七年二月には毎月のアクセス数は三六〇〇万を超え、知名度の高いコムソモリスカヤプラウダ紙の三三〇〇万、リアノーボスチの二八〇〇万人を凌駕するほどになった。

進化するトリック、拡大するターゲット

プーチン・ロシアでは、国内メディアの多元性が失われていく一方、外国メディアの視聴は制限されていなかった。ロシア人は望めば多様なニュースサイトにアクセスできた。少なくともそう思われた。先述の政治技術者のパヴロフスキーは、二〇〇〇年代初期に、国内ニュースサイトに加え、外国のニュースをロシア語に翻訳して紹介するサイト「イノスミ」（ロシア語の「外国メディア」の略語）を立ち上げた。紹介する記事の四割はロシアに批判的な記事であるが、元記事の論点をずらし、不都合な表現（プーチンに対する直接的な批判や皮肉、ロシア軍のウクライナ侵攻等の事実）を削除または他の表現で置き換えて紹介する。一連の編集の結果、元記事とはかなり異なるニュアンスを帯びた「翻訳」ができあがる。

二〇一八年、フェイスブック社は、「組織的な不正行動」を理由に、旧ソ連地域の旅行や食べ物、スポーツ、政治指導者をテーマとする二六六近くのフェイスブック・ページを削除した。米国シンクタンク「アトランティック・カウンシル」のデジタル鑑識研究ラボの調査

によれば、ロシア政府との関係を隠蔽したこれらのページは、ロシアの国策メディア企業「ロシア・セヴォードニャ」関係者によって運営されていた。一見無害なトピックでフォロワーを増やし、ロシアメディア「スプートニク」の反欧米・反NATOプロパガンダを拡散するためだった。フェイスブックで「スプートニク」のフォロワーは五〇万程度であるのに対し、これらの増幅ページのフォロワーは少なくとも八五万に達した。

また、偽情報や陰謀論の拡散には、複数のサイトを仲介することで情報の出所を曖昧にする手法が使われる。第三国の口座を経由して違法な資金の出所を隠蔽するマネーロンダリングに喩え、情報ロンダリングと呼ばれる。仲介サイトは段階的に信頼性を高めるように配置され、この過程でさまざまな手法で情報を徐々に加工・歪曲し、最終的に大手メディアが気づかずに引用することを目指す。例えば、二〇二〇年、ドイツでは、ロシアFSBが反体制派のナワリヌイを化学兵器ノビチョクで暗殺しようとした事件は、ロシアRT発のニュースを一九の仲介サイトが引用・拡散し、その過程で事件は「反ロシア」の陰謀であるというメッセージが追加された。

二〇二一年に英国カーディフ大学の研究グループが発表した調査結果によれば、日本の『Yahoo!ニュース』や『毎日新聞』を含む欧米一六ヵ国、計三二の主要メディアのウェブサイトのコメント欄も、ロシアのトロールの標的となっている。これらのサイトに掲載されたロシア関連のニュースに対し、あるユーザーが親露的・反欧米的立場からコメントを書き込み、そのコメントに大量の「いいね」がつく。このコメントをほぼ無名のロシア語メディアまたはイノスミ（二〇二一年の六ヵ月間のサイト訪問数は一六〇〇万回）がニュース化し、それをさらにリアノーボスチ（同、一億二〇〇〇万回）等のロシアの国営メディアが拾い、欧米の権威的メディア（へのサクラのコメント）を引用して、あたかも欧米や日本にロシアやプーチンを擁護する世論があるような幻想を作る。

3　ナラティブの操作

戦略ナラティブとは

ロシアの偽情報やプロパガンダは、その場限りのフェイクや虚報ではなく、巧妙に練り上げられた戦略ナラティブから構成される。NATOの戦略コミュニケーション責任者を務めたマーク・ライティは、戦略ナラティブは、その場限りの「ストーリー」ではなく、説明する事象を特定の思想、理論、信念の中に位置づけ、世界観を形成し、未来の行動にも影響を与えるものと説明する。また、ナラティブには語りかける相手としてのターゲット・オーディエンスがいる。例えば、二〇一四年頃のウクライナに対するロシアの戦略は、以下Aのように要約できるが、それを対外的に語る場合のナラティブはBのようになる。

A　ウクライナ政府へ圧力をかけ、影響力を再び高めることで、同政府の欧米接近を防ぐ。そのために非公然の作戦を展開し、必要ならば軍事力も行使する。親露的感情を増幅・利用し、クリミアを奪還し、親露的な地域を支援する。

B　ファシストのキエフ政府は、非合法な手段で政権を転覆した。ウクライナに弾圧されるロシア人同胞が、文化や権利の保護のためにロシアの支援を必要としている。

また、「ウクライナ政府によるロシア人同胞の弾圧」等の個別のナラティブは、「ソ連崩壊後、ロシア人は差別的待遇を受けている」、「米国はロシア弱体化を望んでいる」、「新しい世界秩序、多極化が必要である」など、より包括的なナラティブと共鳴することで、西側の左翼から右翼、グローバルサウスの新興国や途上国まで幅広いターゲット・オーディエンスを取り込む。

特に、「利己的な米国が世界を蹂躙している」というソ連由来のナラティブは、米国の行動（例えば、欧州の安全保障への積極的関与）を全て「偽善」とし、各国の無節操で反ロシア的なエリートが国民の利益を無視して米国の傀儡となって動いているかのように説明する。実際に、かなり多くのロシア人は、日本の政府やメディアが米国という「主人」に操られていると本気で信じている。

また、反米のレトリックとともに、政治家は腐敗し、主要メディアは偏向しているという包括的ナラティブも、西側の民主的機構への信頼を失わせ、国際社会を分断するために頻繁に用いられる。このような世界観の中で、ソ連・ロシアが救世主、道徳的権威、世界平和の保障者として映ってくるのである。

この反米的世界観は、分析する側にも影響を与える。KGBは、党指導部が聞きたいことを分析レポートに反映させた。ある元KGB将校は、「全てを米国のせいにしてしまえば、万事OK」だったと回顧する。対外向けナラティブの多くは欺瞞を目的とするが、ときには還流して自らの分析にまで影響を与えるほど内在化する。これは、毎朝、プーチンのテーブルに上がる情報機関の情勢分析についても同じことが言えるだろう。

フェイク（捏造）は、既存のナラティブを補強するために行われる。例えば、「ウクライナ政府が東部のロシア系住民を弾圧している」という事実に反するナラティブがターゲット・オーディエンスに十分に受け入れられない場合、「ウクライナ民族主義者の懲罰部隊がクリミアに進軍を始めた」、「ウクライナ軍によって三歳の子どもがお母さんの見ている前で磔にされ、殺された」等の感情に訴えるフェイクを使う。

また、偽情報のナラティブには賞味期限があるものがある。瞬間的効果や短期間の行動変容を狙うのである。例えば、二〇〇八年のロシア・ジョージア戦争では、プーチンは、ジョージアが「南オセチア共和国」に対し「ジェノサイド」を行っているという主張を展開した。

このナラティブを補強するため、侵攻直後、駐ジョージア・ロシア大使やロシア国防相は、「南オセチア共和国」の民間人死亡者は二〇〇〇人（同地域の人口の三%に相当する）を超え、その多くはロシア旅券保持者（二〇七頁）であると発表した。この数字は、ロシアメディアによって引用され、「南オセチア共和国」関係者もジョージア側が同程度の民間人を殺害したと発表した。一方、ロシアの人権NGOは、主要な病院ですら負傷者を五〇名程度しか収容しておらず、しかもその九割が軍人であったことから、この数字に疑問を呈した。二〇〇九年、ロシア調査当局は犠牲者の数を一六二名と大幅に下方修正した。当初の「二〇〇〇人」は、ジョージアがあたかも大量虐殺を行っているというショッキングな情報を与えることで、ロシアの軍事侵攻に対する国際世論の非難をかわすためだけに作られた数字であった。

これと似た短期的効果を狙ったのが、二〇一四年のクリミア併合をめぐるプーチンの発言である。三月四日の記者会見で、プーチンは、クリミアの政府庁舎などを制圧した、徽章をつけない正体不明の部隊について、「彼らは地元の自警団だ」とロシア軍であることを否定し、ロシアメディアは「リトル・グリーンメン」や「礼儀正しい人々」と呼んだ。しかし、その翌月の記者会見でプーチンは、ロシアの特殊部隊が介入したことをおおやけに認めた。なぜこうもあっさりと認めてしまったのか。偽の「住民投票」を含む三月のクリミア併合作戦の間だけ、ウクライナと欧米諸国が作戦を妨害しうる強硬措置を取らないようにロシアの軍事介入を曖昧にしておく必要があったのである。目的が達成された時点で、その嘘は役目を終えた。逆に、プーチンは、八割強のロシア国民が支持したクリミア併合を自ら指揮したことをアピールし、人気アップにつなげる方が得策と考え、発言を転換したのである。

ロシアが得意とする誤謬「ワタバウティズム」

こんな小話がある。米国人がソ連人に聞いた。「ソ連のエンジニアの給料はいくらか?」。ソ連人は、しばらく黙り込んだ後こう切り返した。「だって米国では黒人がリンチされているではありませんか。」

これは、米国がソ連の人権問題を批判するとき、ソ連側代表が用いた典型的切り返しを冗談にしたものである。冷戦時代、ソ連は議論を脱線させ、「そっちだって問題があるではないか（What about...?)」というフレーズで西側の偽善を指摘した。西側の外交官や記者はこのソ連のプロパガンダ技法を「ワタバウティズム（whataboutism)」と呼んだ。重要な事実から相手の注意を逸らそうとする「燻製ニシンの虚偽」という論理的誤謬である。本章2でも触れたようにソ連で大盛況を博した米国博覧会では、党のプロパガンダ要員が会場ブースにやってきて、「そうは言っても、アメリカにも貧困や黒人差別の問題があるじゃないか」と茶々を入れ、ソ連国民の前で米国の「化けの皮」を剝がそうと試みるのが、お決まりの光景であった。

ソ連の心理戦を研究したダイアナ・チョーティクルが指摘するように、標的国の世論や意思決定に影響を与えるためには、まず、影響を及ぼそうとしているという意図そのものを隠す必要がある。「結局、どの国もやっていることは同じだ」、「ソ連も、米国と同じように平和を望む」のように、あたかもソ連と西側が対称な世界であると信じ込ませるだけで、西側関係者はソ連発の情報を疑いなく受容するようになるのである。これはソ連崩壊後、「ロシアは理想的な国ではない。でも西側だって同じじゃないか」というワタバウティズムに進化した。例えば、ロシアのクリミア併合は国際法違反ではないかという問いに対しては次のような問いで返す。「なぜ米国がイラクやアフガニスタンでやっていることは許されるのか」。同じように、プーチンの海外の隠し財産について聞かれれば、「西側の政治家だって同じことをやっているじゃないか」と返す。このようにロシアに対する批判は、「二重基準」や「偏見」に基づき根拠を欠くと反撃する。

ロシア国内の状況には目をつぶる一方、欧米諸国の「貧困」「デモ」「汚職」などを誇張して取り上げるロシアの海外向けメディアRTやロシア外務省報道官はまさにワタバウティズムの教科書といってよい。二〇一三年、アサド政権による化学兵器使用を受けて米欧でシリアへの軍事介入の論調が高まると、RTは世界各地の「反戦デモ」を報道した。これと対照的に、二〇一四年、モスクワでロシアのウクライナ介入に反対する数万人規模のデモが起きても報道しなかった。また、同年夏、ロシアがウクライナへの軍事侵攻を展開する中、米国ミズーリ州で黒人青年が警察官に射殺された事件に対する抗議活動が起きると、ロシア外務省報道官やRTは、「人種の分断、差別、不平等を克服できない米国民主主義の体系的欠陥」だと一斉にこれを非難した。

「ロシア嫌悪症」

ワタバウティズムに似たレトリックとして、「ロシア嫌悪症（ルソフォビア）」がある。西側諸国によるソ連・ロシアに対する正当な批判を回避し、逆に批判する側の「反ロシア」的性格に問題をすり替える際に用いられる。「ロシア嫌悪症」は一九世紀半ば頃、「ロシアは頭ではわからない」の言葉で有名な帝政ロシアの詩人で外交官のフョードル・チュッチェフが最初に用いたとされる。当時このレトリックはロシアの敵としての欧州、とくにポーランドへ向けられていた。スターリン期には、ロシア語の辞書にも「ロシア嫌悪症」が登場し、ソ連プロパガンダではモスクワの政策に反対する者は国内、国外にかかわらず「ロシア嫌悪症」の烙印を押された。

二〇一四年以降、この「ロシア嫌悪症」は、ロシア政府の公式ナラティブとなった。アトランティック・カウンシルのデジタル鑑識研究ラボが、二〇〇一年以降のロシア外務省及びロシア国営メディア（RT及びスプートニク）のナラティブを調査した結果によれば、「ロシア嫌悪症」の使用は、二〇一四年三月以降に爆発的に増えた。当初は、違法なクリミア併合に対する批判をかわし、自己正当化するために使用されていた。例えば、プーチン大統領は、二〇一四年三月一八日のクリミア「再統合」演説でウクライナのユーロマイダン革命を批判して、「民族主義者、ネオナチ、ロシア嫌悪症、反ユダヤ主義者がこのクーデターを実行した」（傍点筆者）と述べた。その後、「ロシア嫌悪症」は対露制裁を課した欧米諸国を批判する常套句となった。ウクライナ東部への軍事侵攻、マレーシア機撃墜などをめぐり、反駁できない証拠が次々に示されるのと比例して、「ロシア嫌悪症」の使用が増えていく。

二〇一七年、ラブロフ露外相は、「ロシア・EU関係の将来は、EU内の少数派の国々が追求するロシア嫌悪症的政策の人質となっている」と主張した。ここでいう「EU内の少数派の国々」とは、ロシアに批判的なバルト三国やポーランドを指す。また、二〇一六年の大統領選へのロシアの不正介入の事実が明らかにされて以降一五ヵ月間で露外務省は米国に対し、「ロシア嫌悪症」を一九回も使用した。また、欧米に対しては「ロシア嫌悪症」とともに、「反ロシア・ヒステリー」も使われる。これらのナラティブは、言い換えれば、「これ以上、反論できない」というサインでもある。

西側の「挑発」と「情報戦争」

「ロシア嫌悪症」と似たような機能を果たすナラティブとして、「（西側の）挑発」がある。ロシア政府の高官が「挑発」（プロヴォカーツィヤ）という用語を頻繁に使うのは、相手による批判を「挑発」や「外国エージェントの工作」にすり替えるソ連の政治レトリックの伝統である。この「挑発」ナラティブは、第三者の視点からは、攻撃的な西側が防御的なロシアに自衛手段をとらせている、という誤った見方につながりやすい。いつの間にか、攻撃する側（ロシア）が「犠牲者」となり、逆に攻撃の犠牲者が紛争を始めたと非難されるのである。例えば、二〇一四年四月、ロシアがウクライナに非正規部隊を派遣しているにもかかわらず、ロシア外務省は、ウクライナ内務省と外国の武装部隊が、東部の政府抗議活動を武力で弾圧していると主張し（これは捏造である）、これを「挑発」と呼んで批判した。

同じロジックで、ロシアは、「情報戦争」を好んで使用する。この「情報戦争」では、米国を始めとする欧米諸国はロシアの権威を貶めるためにあらゆる「反ロシア」プロパガンダを行っているのだから、ロシアもあらゆる手段をもって対抗しなければならないという論理が展開される。このナラティブでは、BBCやCNNによるロシア国内の汚職や人権問題、組織的ドーピング違反に関する報道までも、西側の「情報戦争」に位置づけられる。「情報戦争」は、民主主義国のジャーナリズムとソ連／ロシアのプロパガンダ・偽情報を相対化する。

「情報戦争」の代表的論者にKGB出身のイーゴリ・パナリンがいる。ソ連崩壊後はKGBの後継機関のひとつ連邦政府通信情報庁（FAPSI）や中央選挙管理委員会に勤めた後、ロシア外務省外交アカデミーで教鞭をとる。一九九〇年代のパナリンの著書は二〇〇〇年に発表されたロシアの「情報セキュリティ・ドクトリン」の土台となったとされる。二〇一二年に発表された『第二次世界情報大戦――ロシアに向けられた戦争』で、パナリンは、CIS諸国の「カラー革命」や中東やアフリカの「アラブの春」は、米国による社会操作技術によって引き起こされたものであり、「情報侵攻」であるという解釈を打ち出した。パナリンによれば、二〇一一二年のロシア議会選・大統領選の不正に対する抗議デモも反プーチンの情報侵攻である。

二〇〇〇年代は、国防省やFSBだけではなく、一般の大学でも「情報戦争」論が開講され、書店では多くの関連本が売られた。ロシアの大手検索エンジン「ランブレル」を運営する会社の社長を務めたIT実業家イーゴリ・アシュマノフは、グーグル、フェイスブック、ツイッターはロシアを標的にする米国のイデオロギーの武器であると述べた。アシュマノフは、プリゴジンのトロール工場に、体制に否定的な情報を自動で探知するオンライン監視システムを提供したと言われる。

第5章　共産主義に代わるチェキストの世界観

本章では、現代ロシアのチェキストや大衆に支持される主要な思想や概念、それを支える組織について解説する。

第一に、ソ連崩壊後のロシアでブームとなった「ゲオポリティカ」は、ロシアの大国・拡張主義の願望を正当化する思想である。これは、外国勢力がロシアの近隣諸国で反ロシア的行動を仕掛けているというチェキストの陰謀論的世界観とも共鳴する。

第二に、ソ連は、第二次世界大戦を「大祖国戦争」と呼び、自らをナチスドイツに勝利した欧州の解放者として定義した。しかし、東欧・バルト諸国にとって、ソ連はナチスと共謀した侵略者である。ソ連崩壊後のロシアは、第二次大戦敗戦国のドイツや日本とは異なり、歴史の事実から目を背《そむ》け続けた。

第三に、ロシア語・文化の普及を謳う「ロシア世界」基金は、そのためだけにある組織ではない。同基金がプーシキンやドストエフスキーの名の下に開催する行事や研修は、ロシア情報機関のリクルートや工作活動の隠れ蓑となっている。

第四に、ソ連時代、ロシア正教会ほどKGBに徹底的に浸透された組織はなかった。一九九三年に制定されたロシア憲法は、ロシアを世俗国家と定めているが、ロシア正教会はクレムリンと一心同体であり、ソ連崩壊後は軍内部にまで浸透している。

第五に、ソチ五輪を始めロシアが開催するスポーツ・青年関連行事は、ロシア世界と同様、外国人の取り込みや欧米の民主主義陣営の分断を目的とする。また、ロシアのスポーツ界にも、ロシア連邦保安庁（FSB）は浸透しており、国家ぐるみのドーピング違反の隠蔽に関与している。同様に、ロシアの愛国若者組織「ナーシ」は、単なるクレムリンの応援団ではない。かつてコムソモールがKGBに人材を供給し、KGBの対外オペレーションを支援したように、ナーシ団員は隣国へのサイバー攻撃、ウクライナ東部での策動などロシアの対外政策でも重要な役割を担う。

1　ゲオポリティカ――地政思想と「影響圏」

「包囲された要塞」

ロシアの平坦で開けた地形は、一三世紀のモンゴル＝タタールの支配や一九世紀のナポレオンの遠征のような外部からの侵略を招来した。この歴史的経験からロシア（人）は外部の脅威に過剰なほど敏感だと言われている。

しかし、西側がロシアの「影響圏」に侵入し、解体や弱体化を狙っているという「包囲された要塞」（siege mentality）は特にソ連時代に広まったナラティブである。ソ連の共産主義体制は、資本主義国によってイデオロギー的に包囲されていると認識し、外国から入るあらゆる思想・文物を危険視した。一九七〇年代にソ連で一大ブームとなった空手すら危険な東洋思想とみなされて禁止されたほどである。ソ連の心理戦の専門家ダイアナ・チョーティクルによれば、外部脅威の強調は、ソ連のプロパガンダの一貫したテーマとして芸術の域に達し、ソ連人の生存を脅かす脅威は、（数百万人にも及ぶ自国民を殺戮したソ連の体制ではなく）主敵の米国を始めとした資本主義陣営にあると教え続けた。このプロパガンダは、信教・言論の自由の制限や反体制派の弾圧を正当化した。

その後、共産主義というイデオロギーを捨てたロシアでも、この世界観は根強く残った。一九九四年春、エリツィン大統領は、ロシア対外諜報庁（SVR）や連邦防諜庁（FSK、のちのFSB）の幹部を前にして、冷戦後に顕在化したグローバルな脅威である核拡散、テロ、組織犯罪の対策に取り組むよう訓示した。その一方で、イデオロギーの対立は地政的な影響圏をめぐる争いに取って代わられ、「ロシアを統制可能な麻痺状態にとどめようとする外国勢力が存在する」とも述べた。

エリツィン指導部は、ソ連の終焉を目指した点では、ウクライナやバルト三国の独立派と同じであったが、ロシアをソ連体制の最大の犠牲者と見る点において他国とは異なった。一九九〇年三月のインタビューでエリツィンは、「ロシアは何十年にもわたって「ソ連の」他の共和国を助けてきた結果、自らの国力を使い果たした」と述べた。このロジックに基づき、ロシアは、他の旧ソ連の独立国以上の特別な利益が尊重されなければならないと主張するようになる。

ドゥーギンとネオ・ユーラシア主義

ソ連時代、地政学は帝国主義の膨張を正当化する危険思想とみなされたが、ソ連崩壊後のロシアで疑似地政学「ゲオポリティカ」として蘇った。ブームを作ったのは一九九七年に『地政学の基礎』を発表したアレクサンドル・ドゥーギンである。「学」と付くが、実際には古典地政学にロシアの拡張主義的願望と陰謀論を混ぜ合わせた反リベラル、ネオ・ファシズム的思想であり、学術分野とは関係ない（ドゥーギン自身、「科学とは現代版の神話に過ぎない」と述べる）。その思想の根幹は、ロシアを盟主とするユーラシア大陸勢力（ハートランド）が、米英、NATOを中心とする大西洋主義の海洋勢力に対抗し、伝統的な思想や価値を守る、というものである。ドゥーギンのロジックでは、ロシアのクリミア併合やウクライナ侵攻は、欧米の地政的拡張からロシアの利益やその「影響圏」にあるウクライナを守る正当な行為、と解釈される。戦間期の一九二〇年代に、白系ロシア人の間で、ロシアはアジアにも欧州にも属さない独自の運命にあるとする「ユーラシア主義」が流行した。ドゥーギンはこれを模倣して、自らの思想を「ユーラシア主義」と自称した（区別のため、ドゥーギンの思想は「ネオ・ユーラシア主義」とも呼ばれる）。

一九八〇年代に反共産主義のオカルト的神秘主義サークルに参加していたドゥーギンは、KGBから地下出版の本を見つけられ、モスクワ航空大学を除籍処分となったことがある。他方、宿敵ソ連が崩壊すると、一転して、帝政ロシアを理想とした抑圧的で中央集権型の統治の復活を目指すようになった。ドゥーギンの思想は、ロシア軍幹部を養成する参謀本部軍事アカデミー校長のイーゴリ・ロジオノフ将軍（一九九六〜九七年、国防相）を始め、軍人から大きな反響を呼んだ。ドゥーギンは同アカデミーで教鞭をとり、『地政学の基礎』が教科書に採用された。ドイツのカール・ハウスホーファーの雑誌『地政学（*Geopolitik*）』がベルサイユ体制に不満を持つエリートたちに読まれ、ヒトラーが『我が闘争』で言及する「生存圏」思想につながっていく過程と似て、ドゥーギンの『地政学の基礎』はソ連崩壊後のロシアのエリートの「影響圏」概念の思想的基盤となった。

政治技術者のグレブ・パヴロフスキーは、このようなドゥーギンの思想が、シロビキ

（軍・治安・情報機関関係者）を中心に、「本など一度も読んだことがないような者たちに強烈な影響を与えた」と語る。ドゥーギンにインタビューした元フィナンシャル・タイムズ紙モスクワ支局長のチャールズ・クローヴァーによれば、『シオン賢者の議定書』のような世界規模の陰謀論を描き、冷戦の終結ではなく、海洋主義のＮＡＴＯに対抗するため強力な軍隊や情報機関の必要性を説いた『地政学の基礎』はシロビキを魅了した。

地政思想とチェキスト

ソ連崩壊後、チェキストは、米国ＣＩＡがソ連解体を企んだとする「ダラス計画」などの陰謀論に傾倒した。米国がワルシャワ条約機構やソ連の解体に続き、ロシアの崩壊を追求している、と解釈するドゥーギンの思想は、そのようなチェキストの陰謀論的世界観ともうまく共鳴した。また、ドゥーギンは、地政的な戦略目標の達成のために政治・経済、エネルギー、軍事だけでなく、相手国政府の転覆、社会の不安定化、偽情報に至るまであらゆる手段の活用を呼びかけた。これはチェキストのアクティブメジャーズを正当化した。

プーチン政権下で、多くのシロビキが政府の要職に就くと、シロビキの間で人気のあったドゥーギンもまたクレムリンに急接近し、二〇〇〇年秋にはプーチンとの面会を果たした。また、ソ連時代にアフガニスタンやアンゴラで特殊作戦に従事したＫＧＢ第一総局の特殊部隊「ヴィンペル」のピョートル・スースロフ大佐もドゥーギン思想の虜となった。二〇〇一年四月、スースロフの協力の下、ドゥーギンを理論的支柱とする「ユーラシア運動」の結成大会が、ノーヴィ・アルバート通りのFSB退職者組織「名誉と威厳クラブ」のホールで行われた。これを受けて、当時の新聞は、ドゥーギンはセクトの伝道師から、「公認された地政問題専門家」に変貌しつつあると評した。

二〇〇五年、大統領二期目のプーチンは、教書演説において、ソ連崩壊を「二〇世紀最大の地政的惨事」と呼んだ。また、KGB出身でプーチンの盟友であるパトルシェフ安全保障会議書記は、二〇〇九年のイズベスチヤ紙のインタビューで、二一世紀の資源競争と軍事紛争の関係に関連して、東欧を支配する者はハートランド（ソ連、ロシアを含むユーラシア内陸部）を支配し、ハートランドを支配する者はワールド・アイランド（ユーラシアとアフリカ）を、そしてワールド・アイランドを支配する者は世界を制覇する、という、二〇世紀前半の英国の地政学の祖ハルフォード・マッキンダーの「ハートランド理論」を引用した。そしてこれらの前提の多くは「新世紀のための米国国家安全保障戦略」（一九九七年）に反映されていると述べた。しかし、この米国の戦略文書に実際に書かれていたのは、東欧で独立を果たした民主主義国にNATOの門戸を開放する一方、冷戦後の欧州の安全保障枠組みに民主国家ロシアを完全な一員として組み込むために強力なNATO・ロシア・パートナーシップの構築を目指す、ということだけである。

ドゥーギンと並び、プーチンの思想に影響を与えたと言われる二人の思想家がいる。レフ・グミリョフは、幼少期に詩人だった父をチェーカーによって処刑され、自らもNKVDに逮捕されてシベリアの強制労働収容所で一四年以上を過ごした。しかし、ソ連末期に、皮肉にも自らを抑圧したソ連の体制を賛美し、民主派を攻撃する「奇妙な愛国者」に豹変して、その友人を驚かせた。グミリョフはソ連崩壊直後の一九九二年に没したが、プーチンは、大統領に復帰した二〇一二年以降、ロシアの運命について語る中で、グミリョフ晩年の思想「パッシオナールノスチ（激情性）」に言及するようになる。これは、グミリョフが中央アジアのステップ地帯の諸民族の攻防の歴史に着想を得て提唱した疑似科学理論であり、一四世紀のクリコヴォの戦い（一三八〇年、モスクワ大公率いる諸侯連合軍が、キプチャク・ハン国軍を破った戦い）で「激情点」に達して「大ロシア民族」が誕生したとする一方、欧州をロシアの生存を脅かす脅威と見る。二〇一七年、プーチンは、ロシア人には「激情性」という「内的な原子炉」があり、それが国家を前進させる推進力であると述べた。ソ連が反マルクス的として一蹴した思想を、プーチンが国民的思想として持ち出したのである。

同じようにプーチンが演説でたびたび言及するのがロシア・ファシズムの教祖的存在となったイヴァン・イリインである。イリインは、一九一七年の十月革命後、亡命先のベルリンから反ソ執筆活動を続けた。イリインは、ヒトラーをレーニンの革命から文明世界を守る庇護者とみなす一方で、神聖な「全体性」の名の下でのボリシェヴィズムの暴力革命には共感を寄せた。十月革命後、パリに亡命したロシアの哲学者ニコライ・ベルジャーエフは、イリインの著作を評して、「神の名を借りたチェーカーは、悪魔の名を借りたチェーカーよりも恐ろしい」と述べている。イリインはスイスで生涯を閉じたが、イリインの著作はソ連崩壊後のロシアで陽《ひ》の目を見て、イリイン本人の亡骸もプーチンによってモスクワに再埋葬された。イリインは、ウクライナ人とロシア人は同一民族であるとし、ウクライナはロシアに組み込まれるのが自然と主張した。イェール大学の中東欧史研究者ティモシー・スナイダーは、ドゥーギンの著作の多くは「イリインの下手な模倣」であると指摘している。実際、退廃的な西側が、無垢で善良なロシアに対し悪事を企んでいるという世界観は双方の思想に通底する。

2　大祖国戦争の神話――全ての敵は「ファシスト」

独ソ密約による東欧分割

ソ連の戦時歌謡に、「六月二二日、四時ちょうど、キエフが爆撃され、我々は戦争の始まりを告げられた」という歌い出しの歌がある。ソ連やロシアにとって、第二次世界大戦の始まりは、ドイツが独ソ不可侵条約を破ってソ連に侵攻したバルバロッサ作戦開始の一九四一年六月二二日である。ソ連は、一八一二年にロシアがナポレオンに勝利した「祖国戦争」になぞらえ、祖国ソ連を侵略者ナチスから守った英雄的な戦争という意味を込めて「大祖国戦争」と名付けた。一方、東欧・バルト諸国やウクライナにとっての第二次世界大戦は、一九四一年ではなく、一九三九年に始まっている。

この二年の違いには重大な意味がある。というのも、ソ連は、一九三九年八月にドイツとの間で不可侵条約（モロトフ＝リッベントロップ協定）を締結し、これに附属する秘密議定書で東欧の分割について合意していたからだ。この合意に従い、独ソ両国は同年九月にポーランドに侵攻した。ソ連はさらにフィンランドに侵攻し（冬戦争）、バルト三国やルーマニアのベッサラビア地方を占領した。バルト三国では、二〇一四年のクリミア併合と同様、軍事占領の後、偽「選挙」により設置された「人民議会」にソ連への加入を「申請」させ、これを違法に併合した。

この二年間、ナチスドイツとソ連は蜜月関係にあった。モスクワは、ドイツとの協力関係を宣伝し、一九三九年一二月二三日のプラウダ紙は、スターリンの六〇歳の誕生日へのヒトラーとリッベントロップ外相の祝電と、これに対するスターリンの返電、「ドイツ・ソ連両国民の友好は、血によって強化され、永続的に続く」を掲載した。このようなプロパガンダの効果もあり、大部分のソ連国民は、ドイツを潜在的な敵国として認識していなかった。

ドイツに対する「大祖国戦争」が初めて言及されたのは、ドイツが不可侵条約を破ってソ連に侵攻した翌月、一九四一年七月三日のスターリンのラジオ演説であった。

ファシスト・ドイツとの戦争は、通常の戦争と考えてはいけない。これは、二つの軍隊間の戦いというだけではない。全ソビエト国民によるドイツ・ファシスト軍に対する偉大な戦争である。ファシストの抑圧者に対するこの全国民的な祖国戦争の目的は、我らの国に及ぶ危険を防ぐだけでなく、ドイツ・ファシズムの抑圧に苦しむ欧州の全ての諸民族の救済である。

このスターリンの演説を受け、戦後ソ連は、ナチスの侵略を受けた犠牲者、かつ、甚大な犠牲を払い、ナチスの残虐行為から欧州を解放した英雄として自己を定義した。一九三九年にヒトラーとスターリンが密約を結び、両国が東欧・バルト諸国に侵攻してそれらの地域を分割したことは隠蔽された。

ソ連は併合したポーランド東部（今日のウクライナ、ベラルーシの西部）とバルト三国の多くの人々を弾圧した。ポーランドでは、捕虜になったポーランド軍将校ら二万人以上が処刑された（カティンの森事件）。バルト三国では、ソ連崩壊後もモスクワの重要なアーカイブにアクセスできないことに加え、弾圧（強制移住、逮捕、処刑）をいかに定義するかで推定数にはばらつきがあるが、数十万人から一〇〇万人の運命に影響した。戦間期のバルト三国の人口は合計しても六〇〇万人弱であったので、その規模がうかがえる。また、占領したエストニアとラトビアにはソ連人（主にロシア系）の入植を進め、両国の民族構成を大きく変化させた（ソ連の占領が終わった一九九一年、エストニアのエストニア人は六割、ラトビアのラトビア人は五割にまで減少していた）。

ソ連が、独ソの秘密議定書の存在を認めたのは、五〇年後の一九八九年である。この年の夏、バルト三国の約二〇〇万の人々がそれぞれの国の首都タリン、リガ、ヴィリニュスを結ぶ人間の鎖「バルトの道」のデモを行った。これを受け、同年末、ソ連人民代議員大会は密約の存在とその違法性を認めた。しかし、ソ連崩壊後のロシアは、ソ連がバルト三国を違法に併合した事実を否定し、これらの国の「合法的政権」（実際にはソ連が軍事力を背景に樹立した傀儡政権）との合意に基づく「自発的」なソ連加入だ、という主張を今日まで繰り返している。

ウクライナの遅れて始まった非共産化

二〇一四年のユーロマイダン革命後のウクライナ議会は、公共空間から共産主義・全体主義の象徴を取り除くことを目的とした「非共産化」法を可決させた。それまでウクライナは第二次世界大戦のことをソ連やロシアと同じようにナチスドイツに勝利した「大祖国戦争」と呼んでいたが、この非共産化法は「第二次世界大戦」の名称を公式に使用することを定めた。また、国民社会主義（ナチズム）とともに共産主義を全体主義体制として非難し、それらの象徴の宣伝行為を禁止した。ロシアは、ソ連の共産主義がナチズムと同列に扱われたことに反発し、同法は思想の自由の制限であると非難したが、それよりも前の二〇〇六年には、欧州評議会議員会議（ＰＡＣＥ）が「共産主義的全体主義」の犯罪行為を非難する決議を採択していた。ソ連共産主義体制によるホロドモール（人為的飢餓）などによって数百万の犠牲がもたらされたウクライナは、一九九一年の独立から四半世紀経ってようやく東欧・バルト諸国と同じ非共産化プロセスのスタートラインに立った。

また、非共産化法では、戦後ソ連によって「ナチスの協力者」のレッテルを貼られ、敵視されていた「ウクライナ蜂起軍（ＵＰＡ）」をソ連に対するウクライナ独立運動として認めた（これはＵＰＡによる戦時中のポーランド人に対する犯罪行為の調査研究を妨げるものではない）。同時に、第二次世界大戦でナチスと戦ったソ連赤軍の退役軍人の地位や尊厳を保障する法律も採択され、ソ連由来の五月九日の「戦勝記念日」（次頁）は残しつつも、五月八日を第二次大戦の全ての犠牲者を弔う「追悼と和解の日」に定めた。さらに、ソ連時代の「共産・全体主義体制の弾圧組織のアーカイブ」（主にＫＧＢアーカイブ）へのアクセスを認める法律が採択された（ＫＧＢアーカイブについては七二頁参照）。こうしてウクライナの過去について、モスクワが独占する歴史的記憶からの解放の試みが始まった。

ウクライナとは対照的には、ロシアは「大祖国戦争」の神話を一層強化した。二〇一四年五月、ウクライナのヤヌコーヴィチ政権の崩壊を「ネオナチ」による「クーデター」と糾弾する大合唱の中、プーチンは、公的な場でナチスの犯罪を否定したり、第二次大戦でのソ連の役割について「明らかに誤った情報」を拡散することを最大懲役五年の罪とする法律に署名した。「誤った情報」とは何か。同年末、ソーシャルメディアでソ連とナチスドイツの協力に関する投稿をシェアしたロシア人が、FSBと捜査委員会から起訴され、裁判で罰金刑が確定した。

「五月九日」の文化

五月九日は、現代ロシアでは、ソ連がナチスドイツに勝利した「戦勝記念日」として国を挙げて祝われ、赤の広場では大々的に軍事パレードが行われる。しかし、第二次大戦終結以降すぐに、五月九日が「戦勝記念日」として定着したかというとそうではない。ナチスドイツによる降伏文書への最初の署名は一九四五年五月七日にランス（仏）で行われ停戦発効の時刻は五月八日午後十一時一分とされ、欧米諸国では五月八日が対独戦勝記念日とされた。しかし、スターリンはこの署名に不服を唱え、翌八日から九日にかけてベルリン郊外カールスホルストで再び署名が行われ、ソ連は九日を戦勝記念日とする命令を発出した。また、八月九日、対日参戦したソ連は、戦艦ミズーリ号で日本が降伏文書に調印した九月二日に、翌三日を軍国主義日本に対する戦勝記念日と定めた。五月九日と九月三日は当初いずれも祝日とされたが、一九四七年には労働日に戻された。というのも、ソ連の戦争被害はあまりに甚大であり（スターリンはソ連国民の犠牲者を七〇〇万人と発表したが、その後フルシチョフは二〇〇〇万人に修正した。実際の犠牲者は二六〇〇万～二七〇〇万人と推計されている）、その被害を国民に対し毎年思い出させる必要などなかったからである。

戦後の「大祖国戦争」の神話は、当初は「スターリンの個人指導によってソ連国民、特にロシア人が団結して勝利した」というものだったが、スターリンへの個人崇拝を批判したフルシチョフの時期には「共産党がソ連国民を勝利に導いた」に変わった。さらに、一九六五年五月、戦勝二〇周年においてソ連共産党第一書記ブレジネフは、「ソ連人民の偉大な勝利」と題する演説を行った。「偉大な勝利」と「勝者」は、クレムリンが「ソビエト人」アイデンティティを作り上げる上で重要な役割を果たした。ソ連の勝利が世界を「ファシズム」から救った、という世界史的な意義が強調され、赤の広場では軍事パレードが行われ、五月九日は再び祝日とされた。一方で、大祖国戦争神話と相容れない事実、例えば、前述の独ソ密約による東欧・バルト諸国の分割、ウクライナ人などの非ロシア人の民族解放闘争は歴史から消され、ナチスドイツの占領による最大の被害者がソ連人であることを強調するためホロコーストについても沈黙した（二日間で約三万三〇〇〇人のユダヤ人が虐殺されたキーウ郊外のバビ・ヤールには銃殺された「キエフ市民と戦争補虜」に対する追悼碑が建てられた）。また、西側諸国の反ヒトラー連合への貢献は過小評価され、その一方でナチス占領下の共産主義地下運動の役割が喧伝された。

歴史プロパガンダの破壊力

「大祖国戦争」神話は、ソ連国民に「我々対彼ら」という勧善懲悪的な歴史観を植え付けた。この歴史観では、ソ連の敵は一様に「ファシスト」となる。そもそも、「ファシスト」という用語は、一九一九年にムッソリーニが立ち上げた「イタリア戦闘者ファッシ」、国民ファシスト党に由来する（イタリア語で「ファッシ」は、連合、つながりを意味する）。ナチスの指導者であったヒトラーは、ファシスト運動のメンバーであったことはなく、一九三三〜四五年のドイツは、ナチス（国民社会主義ドイツ労働党）であり、ファシストを名乗ったこともない。しかし、スターリンは、ナチスの国民社会主義とソ連の社会主義が混同されないように、ナチスという用語を避け、ファシストを使ったようである。スターリンは、一九四一年一一月の十月革命二四周年記念大会の演説で、ヒトラー主義者は民族主義や社会主義を掲げているが、その実は帝国主義者であり、社会主義の敵であると述べ批判した。

また、ソ連プロパガンダは、フランコのスペイン、ホルティ・ミクローシュのハンガリー、イオン・アントネスクのルーマニア、アンテ・パヴェリッチのクロアチア、ユゼフ・ピウスツキのポーランドまで、あらゆる敵対国を「ファシスト」と呼んだ。また、当初は「ウクライナ・ブルジョア民族主義者」と呼んでいたウクライナ民族主義者組織（OUN）にも「ウクライナ・ファシズム」のレッテルを貼った。一九三〇年代の大粛清の時期には、「偏向主義」と批判されたウクライナ共産党員までもが「ファシスト」と呼ばれるありさまであった。

一九五六年のフルシチョフによるスターリン批判後のハンガリーで、自由な選挙とソ連軍撤退を求める民主化デモが勢いを増すと、イヴァン・セーロフKGB議長は、ブダペストに乗り込み、デモ隊を「ファシスト、帝国主義者」と呼び、ハンガリーの保安・警察関係者に対し「武力の使用をためらってはならない」と呼びかけ、鎮圧を要求した。ブダペスト警察トップのシャンドル・コパーチは、デモ参加者は若い知識層や中間層であると反論したが、セーロフはコパーチに対し「ブダペストで最も高い木にお前を吊るし上げる」と脅した（コパーチは逮捕されるが、一九六三年に解放された）。その他、一九五三年の東独の蜂起や一九六八年のチェコスロバキアの民主化運動「プラハの春」に参加した人々も「ファシスト」に括られ、ソ連による介入と弾圧の口実となった。

ソ連崩壊後もモスクワは、周辺国に介入するために、存在しない「ファシスト」の脅威を煽ってきた。一九九〇年代初期、半世紀にわたるソ連の占領後、独立を回復したラトビアに対し、モスクワは駐留ロシア軍を通して圧力をかけるとともに、国連などでラトビアの「ロシア人問題」を提起し、ラトビア政府の政策を南アフリカの人種隔離政策「アパルトヘイト」に喩え、「ファシズムの復活」であると煽り立てた。このロシアのナラティブは、西側の主要メディアにも取り上げられ、英ガーディアン紙は、「ナチスのようなものが目を覚ましている」と題した記事で、反ユダヤ・反ロシアのラトビアが「民族浄化」の準備を進めていると書いた。

これらとほとんど同じ光景が、二〇一四年のウクライナをめぐって繰り返された。ユーロマイダン革命で欧州統合路線を支持し、ヤヌコーヴィチ政権の暴力と腐敗に抗議したウクライナの人々は「ファシスト」と呼ばれ、ロシアはヤヌコーヴィチに対し、デモを武力で鎮圧するよう求めた。

ウクライナのハルキウ出身で「記憶の政治」を研究するタチヤナ・ジュルジェンコは、プーチン政権は五月九日の「戦勝記念」を旧ソ連・東欧諸国をロシアの「影響圏」にとどめるための踏絵として用いてきたと指摘する。しかし、ロシアによる歴史プロパガンダや記憶の利用は、破壊的なハードパワーも伴う。二〇〇七年、ロシアは、ソ連がナチスドイツからエストニアを「解放」した象徴として首都タリンの中心地に設置した「ブロンズの兵士」像(戦勝記念碑)を市当局が郊外の軍人墓地に移動させる決定を行ったことに反発し、煽動エージェントを使ってロシア系の若者を煽り、略奪や放火を含む暴動を起こした。また、二〇一四年、ロシアは、ウクライナ侵略を「ファシズム」に対する戦いであると位置づけ、「歴史的にロシアに属す」、「ロシア正教にとって神聖な場所」というナラティヴで、クリミアの違法な併合を正当化した。

一九九一年のソ連崩壊から二〇〇〇年代前半にかけては、ロシアでもソ連史学の紋切型解釈を避け、独ソ密約を含めた批判的な研究も行われたが、二〇〇九年にメドベージェフ大統領が設置した反ロシア的歴史歪曲防止委員会が転換点となった。同委員会が設置される三日前、メドベージェフ大統領が署名した国家安全保障戦略の冒頭には、「真のロシア的理想の復活」と「歴史的記憶への敬意ある態度」が謳われ、「文化」の項目には、ロシア史や世界史におけるロシアの役割に対する修正主義的見方が国家安全保障に否定的影響を及ぼす、との考えが示された。同委員会の委員長にはKGB出身でのちにSVR長官を務めるセルゲイ・ナルイシキン大統領府長官が就任した。委員には、外交官カバーの対外諜報員を養成するモスクワ国際関係大学のアナトリー・トルクノフ学長、後に論文剽窃疑惑で知られることになる文化相で二〇二二年二～四月のウクライナとの停戦交渉でロシア側団長を務めたウラジーミル・メジンスキー国家院議員などが名を連ねた。この委員会は、ウクライナ人やバルト諸民族によるナチスへの利敵協力を特に強調した（ロシア人による利敵協力には沈黙）。また、二〇一五年にロシア国防省が出版した『大祖国戦争一九四一～一九四五年』は、欧米諸国を歴史修正主義と批判しつつ、ファシズムやナチズムは「西側の文化的伝統、哲学及び文学の結実」であり、西欧の大国はソ連（ロシア）を「戦利品」とみなし、これを分割して諸民族の植民地支配を狙った、とまで述べた。

第二次大戦で欧米諸国がソ連を分割しようとしたというのは本当だろうか。先述のスターリンが「大祖国戦争」に初めて言及した一九四一年七月のラジオ演説には続きがある。

この解放戦争で我々は一人ではない。この偉大な戦争で我々には、欧州と米国の諸民族に代表される信頼できる同盟国がある（……）対ソ援助に関するチャーチル英国首相の歴史的演説、米国政府の我が国への支援表明はソ連国民の心に感謝の念を起こすばかりである（……）

消された「レンドリース」

二〇二二年五月、米国による「レンドリース法」、すなわち、ウクライナへの武器貸与法が成立した。このレンドリースという枠組みは、もともとは第二次大戦時の対独戦・対日戦を戦う連合国（英国、ソ連、中国など）に適用されたものであり、米国はソ連に対し、大量の兵器や物資を供与した（以後、「貸与」ではなく、「供与」と書くのは、戦後、ソ連はさまざまな理由をつけて返済を拒否したためである）。第二次大戦末期、ソ連軍の軍用車輛の三輛に一輛は米国からの供与であった。戦車は英国とカナダが提供した分と合わせ約一万二〇〇〇輛、航空機は英国分を合わせ約一万九〇〇〇機がソ連に供与された。歴史家ボリス・ソコロフの試算によれば、それぞれソ連生産量の二四％、三〇％に及んだ。また、ソ連軍で最も不足していた対空砲は八〇〇〇門が供与された。

また、兵器生産のため米国から三・八万台、英国から六五〇〇台の工作・旋盤機械が供与された。ソ連にも一一・五万台の工作機械があったが、米国製はソ連製よりはるかに高性能であった。航空機燃料（ソ連が戦時期に使用した総量の五七％）、弾薬（同三分の一）、アルミニウム（同五五％）や銅（同八〇％）などの非鉄金属、肉の缶詰（一八％以上）などの食糧も大量にソ連に送られた。さらに、ソ連国内の補給網を維持するため、ソ連に約二〇〇〇輛の蒸気・ディーゼル機関車と約一万一〇〇〇輛の貨車が提供された。ソ連が戦時に使ったおよそ半分の鉄道レールはレンドリースによるものである。一九四五年六月二四日、ソ連は対独戦勝を祝して赤の広場で軍事パレードを挙行したが、このパレードに参加した戦闘車輛や兵器のかなりの部分がレンドリース、つまり米国の供与であった。

米国の支援がなければ、ソ連は「勝利」どころか、ナチスドイツの侵攻を食い止めることすらできなかった。これは、スターリン自ら認めていることである。一九四三年一一〜一二月に米英ソ首脳が会したテヘラン会談で、スターリンは、「レンドリースを通して我々が受け取った米国製車輛がなければ、ソ連は戦争に負けていただろう」と述べている。これはスターリンからルーズベルト米国大統領へのお世辞ではない。スターリンの後継者となったフルシチョフは、回想録で、スターリンはソ連国民に対しては言わないが、フルシチョフに対し同じことを幾度となく打ち明けたと述べている。

しかし戦後、ソ連は、米国を第二次大戦で「私腹を肥やした」、「帝国主義拡大の煽動者」と呼んだ。『概説大祖国戦争史』（一九八四年）は、レンドリース法による米国支援はソ連の軍事生産の「四％」に過ぎず、「大祖国戦争の戦況に決定的な影響を与えることはできなかった」と過小評価する。しかし、先述のソコロフの研究によれば、ソ連史学が発表してきた米国支援の割合は、ソ連の軍事生産の数字を吊り上げたり、米国から供与された対空砲の数量とソ連の砲弾・迫撃砲の生産量などそもそも比較できないものを比較して、作られた数字である。これらの粉飾は、連合国がヒトラーに勝利できたのはソ連型社会主義の戦時経済の優位性にあるというプロパガンダのためであった。

第二次大戦への米国の貢献が公の場で語られるようになったのはペレストロイカ以降であった。独ソ戦開戦時にソ連軍参謀総長だったゲオルギー・ジューコフ元帥が、一九六〇年代半ばの非公開インタビューで、米国がソ連に弾薬や戦車製造に必要な鋼鉄板を供給し、火砲牽引に必要なトラック（二万輛のソ連製「カチューシャ」多連装ロケット砲は、米国スチュードベーカー社製トラックに搭載された）を供与していなければ、独ソ戦の継続は不可能であった、と発言していたことなどが明らかになった。

3　「ロシア世界」――プーシキン、ドストエフスキーを隠れ蓑にして

「ロシア世界」とは

「偉大かつ万能で、真実を伝える自由なロシア語」（ツルゲーネフ、一八八二年、散文「ロシア語」）

ロシア語は、プーシキン、ドストエフスキー、トルストイの名作が書かれた言語である。他方、今日のメディア・情報空間で、ロシア語の占める位置は質的に変化しつつある。現代のフェイクニュースや陰謀論の大半がロシア語で書かれているからだ。

二〇〇七年のミュンヘン安全保障会議で、プーチンは、一九九〇年のNATO事務総長の発言を曲解して、NATOは不拡大を約束したと主張するとともに、米国の一極主義的行動を罵倒し、世界は「多極化」に向かうとした。翌年ブカレストで開催されたNATO首脳会合に招待されたプーチンは、ウクライナはソ連時代にロシアから多くの領土を譲り受けて人工的に作られた国だという持論を展開した上で、ウクライナ南部には「ロシア人」が住んでいるとし、ロシアが利益を有する「影響圏」の考え方を明確にした。同じ年にプーチンが創

設した「ロシア世界（ルースキー・ミール）」基金は、この影響圏構想を実体的に支えるプロジェクトとなる。同基金は、ロシア語・文学・文化普及の目標を掲げ、旧ソ連諸国、欧米主要国、中国、日本、韓国など世界四五ヵ国（二〇一五年）に展開する。文化は「ロシアの経済上及び対外政策上の利益及び世界での肯定的イメージを実現するための効果的な手段」（二〇〇七年、ロシア外務省）なのである。

ロシア世界基金の会長には、ヴャチェスラフ・ニコノフが任命された。ニコノフは、第二次大戦前にナチスドイツと東欧の勢力圏分割の秘密議定書を結んだモロトフ・ソ連外相の孫で、父はKGBの前身NKVDとモスクワ国際関係大学の両方の肩書を持つ対外諜報員であった。ニコノフ自身は、党中央委員会に勤務した後、最後のKGB議長バカチンの補佐官を務めた。改革派バカチンに近づいたニコノフだが、自身は保守的思想の持主であり、二〇〇六年にスルコフ大統領府副長官が発表した「主権民主主義」論の著者のひとりでもある。

ロシア世界基金は、ロシア文明の特殊性と使命を強調する。これは裏を返せば、欧米的価値観の拒絶でもある。このレトリックは、ロシア国内に影響力を拡大する外部勢力を警戒するチェキストの陰謀論的世界観とも親和性が高い。二〇一二年に大統領に復帰したプーチンは、年次教書演説で、ロシアは「民族的・精神的なアイデンティティ」を維持し、「ロシアであり続けなければならない」と力説した。

このような背景ゆえに、ロシアのクリミア併合後、ロシア語普及のための「ロシア世界」

が欧米の「ロシア嫌悪症」（一七七頁）に対抗するプロジェクトに化けたのはある意味で当然の帰結である。二〇一四年、「ロシア世界」大会で、コンスタンチン・コサチェフ連邦交流庁長官は、欧米の対露制裁を念頭に、ロシア語や「ロシア世界」に対する全面戦争の目的は、「世界中でロシアの推定有罪を固定化し、ロシア嫌悪症的傾向を人々に植え付け、ロシアを現代の諸悪の根源として映し出すことだ」と述べた。一方で、コサチェフは、ロシア語への関心も高まっており、ロシアはそのチャンスを活かしロシアへの外国人学生の招聘やロシア語教師の研修を拡大すべきだ、プーシキンとドストエフスキーの言語は、旧ソ連諸国だけでなく、欧米諸国での「ソフトパワー」となると力説した。また、二〇一五年のロシア・プレス世界会議で、セルゲイ・ナルイシキン国家院議長は、「才能にあふれる本、音楽、絵画は、外交官や政治家の何千の演説よりも、我が国について雄弁に、真実を語ってくれる」と述べた。この一年後、ナルイシキンはSVR長官に任命された。既に述べたとおり、ロシアで「ソフトパワー」と呼ばれるものの実態は、アクティブメジャーズである。

影響圏維持のための道具「同胞」

政治技術によって生み出された「ロシア世界」は、思想的には極右から極左、宗教的にはロシア正教から無神論者まで、ロシア国民だけでなく、ロシアの文化や価値観を共有する「同胞」やロシア語を学習する外国人まで広く射程に収めるプロジェクトである。

当初、「同胞」とは、ソ連崩壊時に「近い外国」、すなわちロシア連邦以外の旧ソ連諸国に居住していた二五〇〇万人とも言われるロシア系住民を指した。一九九〇年代のロシア政府の同胞政策は必ずしも一貫していなかったが、一九九九年に在外同胞国家政策法が採択された。この法律は同胞の定義を広げ、民族的な意味でのロシア人だけではなく、ロシア語話者やその家族、ロシアと文化的つながりを持つ非ロシア人も含めた。さらに二〇〇〇年代後半にこれら同胞は「ロシア世界」の担い手に位置付けられた。しかし、その狙いは、ロシア政府が主張するような、海外で「差別」を受けるロシア系住民の人権の保護ではない（その意図が誠実ならば、ロシア政府はなによりも自国民や中央アジアの権威主義国に残されたロシア系の人権問題に取り組まねばならない。一方、ロシアが非難の矛先を向けるのはもっぱらエストニアやラトビアである）。ロシアは、同胞を対外政策の手段としてみている。居住国の社会から同胞が孤立すればするほど潜在的な紛争源となり、モスクワがこれら独立国へ介入する口実となるからである。

しかし、モスクワによる「ロシア世界」拡大の思惑とは逆に、現実は、ソ連崩壊から時間が経てば経つほど同胞の規模は縮小している。例えば、二〇一三年、ケンブリッジ大学のターニャ・ザハルチェンコは、一九八九年と二〇〇一年のウクライナの国勢調査では「ロシア人」と申告した者が一一三五万人（全人口の二二・一%）から八三三万人（一七・二%）へと三〇〇万人近く減少したが、ロシア人の移出はわずかなので、この一二年の間に相当数のーシア人」が「ウクライナ人」にアイデンティティを変えた可能性を指摘した。ドネツク州やルハンスク州でも「ロシア人」は四割を切り、減少傾向にあった。このため、プーチンは、二〇一四年のウクライナ介入を正当化する際、「ロシア人」ではなく、ウクライナの東部や南部の大多数を視野に入れる「ロシア語話者」の保護を訴えた。しかし、ウクライナは人口の半数以上がバイリンガルであり、ロシア語を話すからといって自らをロシア人と認識しているわけではない。二〇一四年にロシアがクリミアを併合し、東部に侵攻すると、意識的にロシア語からウクライナ語に切り替えたり、アイデンティティをウクライナ人に変える者が出てきた。この流れは、二〇二二年の全面侵攻で不可逆的となった。同じ傾向は、エストニアやラトビアなどのロシア語話者にも当てはまる。ソ連崩壊後に生まれた若い世代ほどロシア連邦ではなく、自ら育った国の国民であると認識しているのである。

そこでロシアは、「影響圏」を維持するのに必要な同胞が減っていくなら増やせばよいと考える。二〇〇二年頃から、ロシアは隣国ジョージアのアブハジアやツヒンヴァリ（「南オセチア」）の住民に対し、大規模なロシア旅券の交付を開始した。二〇〇九年、マックス・プランク比較公法国際法研究所（ドイツ）を中心とする国際調査団はこの事実上の集団帰化行為は、国際法に違反し、ジョージアの領土一体性の侵害であると結論づけた。二〇〇八年にロシアは、このロシア旅券保持者、つまり新しく作り上げた「ロシア国民」の保護をジョージア侵攻の口実の一つに挙げた。また同じように、二〇一九年四月にプーチンはロシアが占領するドネツク州及びルハンスク州のウクライナ国民に対するロシア国籍付与手続きを簡素化する大統領令に署名した。この結果、二年間で五〇万人以上のウクライナ人がロシア国籍を取得したという（ロシアが実効支配する地域に住む住民の五人に一人）。このようにして、紛争状態を恒久化させ、必要なときにロシアが自国民保護を名目に介入できる状況を徐々に作り上げた。

二〇一八年にウクライナの歴史家ラリサ・ヤクボヴァは、「ロシア世界」は他国領土の占領や他民族の同化を含む物理的拡張を志向していると警告していた。二〇二二年九月、ロシア軍の戦車が蹂躙したウクライナの東部や南部のロシア占領下の町には、「ロシア世界」を拡張するためロシア本土から数百名のロシア語やロシア文学の教師が送り込まれた。また、占領地からロシアに誘拐された少なくとも数万人に上るウクライナ人の子どもは、ロシア人家族との違法な養子縁組の後、「正しいロシア人」になるための「再教育」を受けさせられている。

連邦交流庁とアクティブメジャーズ

「ロシア世界」を利用するアクティブメジャーズは、標的とする国で、反米思想、ロシア正教、ゲオポリティカ（ネオ・ユーラシア主義）に共鳴する外国人に接近して、官製NGOを立ち上げ、ロシア政府、情報機関、教会、文化、メディアの資源を駆使してこれを支援する。

二〇一六年一一月、EU議会は、RTやスプートニクなどのロシアメディアと並び、ロシア世界基金が、民主的価値観に疑念を植え付け、EUを分断し、政府不信を煽るプロパガンダや偽情報を拡散していることを非難する決議を採択した。

ロシア世界基金理事の一人、ウラジーミル・チェルノフはロシア大統領府の対外地域間文化交流局長である。チェルノフが、SVR（対外諜報庁）の将軍であることは知られていたが、その活動の多くは謎に包まれていた。近年、国外に亡命したミハイル・ホドルコフスキーが支援するプロジェクト「ドシエー・センター」の調査によって、無害なネーミングのこの部局がジョージア、アルメニア、アゼルバイジャンなどで、インフルエンス・エージェントを使ってアクティブメジャーズを展開し、モルドバでは後に同国大統領となるイーゴリ・ドドンに細かな指示を与えていた事実が明らかとなった。また、同部局は、こうした工作活動の情報をSVRと大統領府副長官のドミトリー・コザクに送っていた。

この対外地域間文化交流局の手足となって動くのが、ロシア連邦交流庁（ロスソトルドニチェストヴォ）である。連邦交流庁は、世界七九ヵ国に九五の事務所、六二ヵ国に七二のロシア科学文化センターのネットワークを持つ。二〇〇〇年代末からはロシア世界基金とも連携を始めた。

連邦交流庁の前身は、ソ連対外友好文化交流協会連合（ソ連対文連）である。ソ連対文連は、米ソ関係が悪化していた一九五〇年代末に世界各国との「民間交流」を名目にソ連によって設立され、一九七〇年代中頃までには社会主義圏を含む世界六三ヵ国に拡大した。もちろんソ連対文連は、KGBの現役予備将校の巣窟であった。プーチン自身、東独ドレスデンではソ連・東独友好会館館長という肩書で活動している。日本の場合、一九五六年のフルシチョフのスターリン批判後に生じた中ソ間のイデオロギー論争で日本共産党は中国側を支持して、ソ連との関係が悪化したため、KGBは共産党よりも社会党をターゲットにエージェントをリクルートし、幹部や機関紙に工作資金を提供していた。一九六四年にソ連に派遣された社会党訪問団は、フルシチョフから、日ソ国民間の相互理解を目的としてソ連対文連のカウンターパートを作ることを提案された。訪ソ団の報告を受けた社会党が中心となって一九六六年「日本対外文化協会」が設立された。

ソ連崩壊後、ソ連対文連はロシア国際科学文化協力センターに改組され（二〇〇二年以降はロシア外務省の傘下）、二〇〇八年に独立国家共同体・在外同胞・国際人道協力局（日本ではロシア連邦交流庁と呼ばれる）に改編された。しかし、ソ連対文連に派遣されていたKGBの現役予備将校はSVRまたはFSBの出向扱いで居座り続けた。ドシエー・センターの調査によれば、一九九四年から二〇〇八年に在籍した職員五四六名のうち少なくとも一七名はSVR職員専用宿舎に住んでいた。

二〇〇四年から二〇〇八年にロシア国際科学文化協力センター長官、二〇一七年から二〇二〇年に連邦交流庁長官を務めたエレオノラ・ミトロファノヴァは、KGB第一総局（対外諜報）の将軍だったヴァレンチン・ミトロファノフを父に持つ。連邦交流庁長官の後、ブルガリア大使に任命されたミトロファノヴァは、同国の親露勢力を利用して反米・反NATO集会を支援している。ミトロファノヴァの後任には、エフゲニー・プリマコフ元SVR長官の孫（名前は同じエフゲニー）が任命された。

ロシア世界基金と類似した組織に、「民間外交の支援」、「ロシアNGOによる国際協力参加の促進」を目的に掲げ、二〇一〇年の大統領令により設置された「ゴルチャコフ民間外交支援基金」（ロシア外務省所管）がある。二〇一七年にリークされた内部メールによれば、ゴルチャコフ基金は、「ロシア世界」普及の文化助成を名目にウクライナのさまざまな活動家に資金を提供し、破壊工作活動を支援していた。同基金は、バルト三国、モルドバ、ボスニア・ヘルツェゴビナの不安定化・破壊工作プロジェクトにも資金を提供している。

外国の若者を取り込む

二〇一四年、クレムリンは、特に三五歳以下の外国人を重点的なターゲットとするように連邦交流庁に密かに通達した。連邦交流庁が運営する海外のロシア文化センターは、ロシアに関心を持つ外国人をリクルートする拠点となっている。二〇一三年、米FBIが、ワシントンDCのロシア文化センター所長ユーリー・ザイツェフを捜査していることが報道された。文化交流でロシアを訪問した米国の若者をスパイとしてリクルートするため数百人分のファイルを作成している疑いからであった。FBIは、全額ロシア政府負担で高級ホテルへ宿泊し、ロシア政府高官と面談するこの招聘事業に参加した数十名の若者に対し、彼らがリクルートのターゲットとなっていることを警告した。一方、ザイツェフは、この事業は両国の関係改善と相互理解のためだと疑惑を否定し、逃げるようにロシアに帰国した。

二〇一七年一〇月、プーチンの出席の下、ソチで「第一九回世界青年学生祭典」が開催された。世界青年学生祭典は、もともと、冷戦時代のソ連のプロパガンダの一環として「反帝国主義・連帯・平和・親善」をスローガンに主に社会主義圏で持ち回り開催されていた行事である。一九五六年、ソ連軍がハンガリーに侵攻して民主化デモを弾圧したが、その翌年にモスクワに三万人の外国の若者を集めて開催した「世界青年学生祭典」のスローガンは皮肉にも「平和と友情」であった。一九八五年モスクワ開催以来、三二年ぶりにプーチンはこれをロシアで開催した。一八五ヵ国から約二万五〇〇〇名が参加し（日本からは約四〇名参加）、ロシア革命一〇〇周年を記念した討論イベントでは「偉大な十月社会主義革命の目的と達成」、「民族解放運動へのソ連の貢献」、「ナチズム・ファシズムへの勝利におけるソ連の役割」、「歴史捏造、第二次世界大戦の結果の修正への反対」が議論された。

「同胞」の若者に狙いを定めた行事も多い。二〇一〇年以降は一八歳以上を対象とした「世界ロシア同胞青年フォーラム」、二〇一五年以降は小中学生を対象としたスポーツ交流大会「青年同胞のワールド・ゲームズ」がほぼ毎年開催されるようになった。こうしたイベントは、ロシア政府が旅費や滞在費を負担し、旧ソ連地域に限らずさまざまな地域や国から若者が招待される。参加者は、出身国とロシアの関係を強化するために「自分たちができること」を話しあったり、ソ連が欧州をナチスから「解放」した「大祖国戦争」の歴史を学んだりする。ロシアが、世界の若者に投資する理由は、セルゲイ・キリエンコ大統領府第一副長官が簡潔に説明している。「世界各国から集まった優秀な若者は、二〇年後にはそれぞれの国で重要な地位に就いていると確信している」。エストニアの防諜機関は、ロシアの情報機関は青年向けイベントを通じて既存の価値観への反発が強く、洗脳しやすい若者をリクルート対象としていると分析する。

4　ロシア正教会――KGBエージェントが牛耳る教会

三つのテーゼ

一九九二年一月、ロシア正教会対外教会関係局長キリル（のちのモスクワ総主教キリル一世）は、エリツィン大統領が主催した軍の集会に招かれ、五〇〇〇人の将校を前に演説を行った。その演説は三つのテーゼに整理することができる。

第一に、キリルは、教会、軍、国家権力の三者は祖国の柱であり、道徳的、精神的基礎を守る役目は教会にあると力説した。ロシアでは、ピョートル大帝以来、教会は常に国家権力の下に置かれてきた。この三者の結合は、帝政ロシアの構造の復活を意味する。

第二は、ロシア人とウクライナ人が「同一民族」であるとするテーゼである。キリルは、ソ連崩壊に伴う独立国家の誕生を認めながらも、「キエフで共通の洗礼を受けてキリスト教を受け入れたスラブ人」（九八八年にキーウ大公ヴォロディーミル一世が洗礼を受け、ルーシに正教を広めた）の共通の起源を強調した。これと同じレトリックは、ウクライナの存在を否定するプーチンからも聞かれることになる。

第三は、ロシア軍を「道徳的、精神的に崩壊に追い込む」勢力の存在である。これは、チェキズムやゲオポリティカの信奉者と同じような「包囲された要塞」の脅威認識である。

キリルの演説の第二、第三のテーゼは、この数ヵ月後に発表されるロシアの軍事、国家安全保障、「近い外国」に関する政策文書と軌を一にするものであった。また、第一のテーゼは、軍や軍需産業にロシア正教会が浸透することで現実となった。

軍の部隊に従軍聖職者がつくのは欧米では珍しいことではない。しかし、イスラエルの研究者ドミトリー・アダムスキーによれば、ロシア正教会とロシア軍の蜜月関係は、そうした慣習の域を超えるものである。大陸間弾道ミサイル、弾道ミサイル搭載潜水艦、戦略爆撃機にロシア正教の聖人の名が付けられ、部隊や指揮所の壁には聖人のイコン（聖画像）が祀られ、十字架行進も日常的になっている。大きな駐屯地には教会や礼拝堂がある。二〇一五年のシリアでの軍事作戦ではロシア正教会司祭が部隊に同行し、移動型の教会が展開した。移動型の教会は原子力潜水艦にまで設置されるという。

ロシア正教会の司祭は、教会の立場から軍人に助言するだけでなく、部隊内での兵士の愛国心、士気、信頼性にまで目を光らせる。ソ連時代は、各駐屯地にレーニンの胸像が飾られる通称「レーニン部屋」があり、党が派遣した政治将校が兵士の思想教育を行ったが、現代のロシア軍では聖人のイコンが飾られた部屋でロシア正教会司祭がこの役割を担う。

アダムスキーによれば、ロシア正教会のプレゼンスは、特に核戦力部隊や核兵器産業で顕著だという。カトリックとは対照的に、自国の核使用に肯定的かつ好戦的なロシア正教会の影響は、核使用のハードルを下げることにつながるかもしれないと警鐘を鳴らす。

教会とKGB

ソ連時代からロシア正教会は権力と癒着し、ロシアで数ある宗派の中で特別な地位を占めてきた。一九一七年の十月革命以降、ボリシェヴィキは、ロシア正教会の聖堂や修道院を破壊し、多くの聖職者が逮捕、処刑された。

しかし、チェキストは、ロシア正教会の生き残りを最大限に利用する。一九三九年の独ソ秘密議定書によりソ連が現在のウクライナ及びベラルーシの西部地域を併合した後、ベリヤ内務人民委員の提案により、ロシア正教会レニングラード教区大司教でソ連内務人民委員部（NKVD）のエージェントだったボリス・ヤルシェビッチ（のちのニコライ府主教）がそれらの地域に送り込まれた。ソ連はバチカンのローマ教皇を敵視していたので、その影響を受ける東方カトリック教会（ユニエイト。正教会などと同じ典礼を用いながら、ローマ教皇の権威を認める）の信者の多い西部地域の監視や諜報をニコライ府主教に託したのである。ニコライ府主教は、NKVDが二万人を超えるポーランド軍将校等を処刑したカティンの森事件について、ナチスドイツが実行犯だというソ連の偽情報を広めた。

一九四一年のナチスドイツのソ連侵攻後、スターリンは、ナチスに占領された東欧・バルカン諸国に対しては、共産主義のイデオロギーを振りかざすのではなく、これらの地域に影響力を持つロシア正教会を使って信仰心に訴える方が効果的だと考えた。一九四三年六月、スターリンは、国防委員会秘密決議「ソ連諜報機関の海外活動の改善策」に署名し、ソ連の対外課報機関の手段に宗教組織を加えた。

さらにスターリンは、ロシア正教会の公的な復活を決める。一九四三年九月初旬、NKVD将校ゲオルギー・カルポフの手配により、独ソ戦のため疎開していたロシア正教会総主教代理のセルギーらがモスクワに呼び出され、スターリンと面会した。この面会の数日後、十月革命以来開催されていなかった正教会の公会議が招集され、セルギーをモスクワ全ロシア総主教に選出するとともに、対ナチスドイツ共闘を呼びかける「ロシア正教会公会議から世界のキリスト教徒への呼びかけ」が採択された。

ソ連は、教会弾圧の事実が外国に漏れないようにロシア正教会と海外の教会との交流を禁止していたが、公会議招集と同じ月、英国国教会の代表団をモスクワに招待し、ロシア正教会の幹部と会談させ、ナチスドイツに破壊されたというモスクワ郊外の新エルサレム修道院を見せた。英国国教会の代表は、帰国に際し、モスクワの狙い通り、ソ連には信仰の自由があると述べた。フルシチョフ期には、教会に対する取り締まりが再び強化されるが、その後もロシア正教会は、ソ連に「西側と同じ信仰の自由」を見せるショーケースとして利用された。

一方で、ソ連はロシア正教会以外の宗派に対しては弾圧の手を緩めることはなかった。ウクライナ及びベラルーシの西部に四〇〇万人いた東方カトリック教会信者は自宅、墓地、森などで密かに信仰を続けていたが、NKVDで教会問題を担当したカルポフは、第二次大戦後の一九四八年に、「(東方カトリック教会の)信者の統合は公式に完了し、同教会のローマ教皇への従属を取り除くという目的は達せられた」と報告した。二七一八あった東方カトリック教会の九割以上がロシア正教会に吸収されたのである。

コードネーム「ミハイロフ」

ロシア正教会とKGBを語る際に言及される二人の対照的な「ヤクーニン」がいる。一人は、ソ連政府による教会迫害の問題に取り組み、反ソ宣伝罪でシベリア流刑になったロシア正教会のグレブ・ヤクーニン神父である。ソ連崩壊後、八月クーデター原因究明委員会(ポノマリョフ委員会）の副委員長を務めたヤクーニンは、ＫＧＢで宗教組織を監視・管理した第五局第四部のアーカイブを調査した。アーカイブでは、エージェントを特定するリストにこそアクセスは得られなかったが、ロシア正教会の聖職者の活動記録とエージェントの報告を照合し、教会内のＫＧＢエージェントを割り出した。例えば、ＫＧＢは、コードネーム「ミハイロフ」というエージェントから、世界教会協議会（ＷＣＣ）出席のための一九七二年のニュージーランドとオーストラリアへの出張、七三年のタイ出張について報告を受けていた。ヤクーニンは、このＫＧＢ文書をモスクワ総主教機関誌と照合し、同時期にこれらの国に出張していたロシア正教会対外教会関係局のキリル司祭がＫＧＢエージェントであることを突き止めた。このキリルこそ、二〇〇九年にロシア正教会の最高指導者の地位に上り詰めるキリル総主教である。

一九九二年、ヤクーニン神父は、『論拠と事実』紙に、自身が調査したＫＧＢアーカイブの文書を引用し、ＫＧＢがいかにしてロシア正教会内のエージェントを利用して前述の世界教会協議会の方針に影響を与えようとしたかを語っている。それによれば、一九六七年にクレタ島で開催されたＷＣＣ幹部会議において、ロシア正教会から派遣されたＫＧＢエージェントのコードネーム、「スヴャトスラフ」、「ヴォロノフ」、「アントノフ」らは、米国やイスラエルの行為を非難し、西側の教会関係者が提出した決議案に反対し、代わりに米国の黒人問題を議論するように呼びかけた。さらに、一九八〇年、宗教組織を担当するＫＧＢ第五局

第四部部長がサインした報告によれば、モスクワを訪問したフィリップ・ポッターWCC総幹事に対し、「ミハイロフ」を含む複数のKGBエージェントが接触して肯定的影響を与えた（第3章3参照）。また、ポッターの後任を決める選挙では、KGBエージェントの工作によってモスクワの望む候補が選出された。

一九八九年にモスクワに五〇〇名以上の宗教関係者を招待して開催されたWCC中央委員会では、KGBはエージェントを通じて、ソ連の政治方針を反映した宣言文を採択させるとともに、訪ソした外国人の政治思想や本国での地位について情報を収集した。また、ロシア正教会のKGBエージェントは、WCCの討論会で、西側諸国が遺伝子操作された危険なウィルス、バクテリア、動植物をアフリカ等の第三世界に投棄しているなどの陰謀論を拡散した。

KGB将校が、海外の神学校に通い、ソ連に戻りロシア正教会司祭になったケースも報告されている。ヤクーニン神父とともにソ連の教会弾圧問題を訴え続けたゲオルギー・エデリシュテイン神父によれば、KGBが主導した八月クーデターの責任追及にロシア正教会が消極的だったのは、教会幹部の大多数がKGBエージェントであったためである。KGBの内部文書によれば、モスクワ総主教だったアレクシー二世（コードネーム「ドロズドフ」）は、一九八八年にその貢献が評価され、KGB議長から感謝状を授与されていた。

このような背景もあり、KGBアーカイブの公開を阻んだ勢力の一つはロシア正教会であった。ロシア正教会を通じたエージェント網はソ連崩壊後も部分的に残っている。スパイ罪で裁かれた米国軍人の中で最高階級のジョージ・トロフィモフ大佐（二〇〇一年に無期懲役判決）をリクルートしたのは、KGB第一総局K局のエージェントで、ロシア正教会のウィーン・オーストリア府主教イリネイであった。

正教会チェキスト

教会幹部とKGBの関係を追及し続けたヤクーニン神父は一九九七年にロシア正教会から破門された。それとは対照的に教会再建等の慈善活動を称えられ、多くの勲章を授与されている、もう一人のヤクーニンがいる。二〇〇〇年代に、運輸次官などを務めた後、ガスプロムに次ぐロシアのマンモス企業「ロシア鉄道」の社長に就任したウラジーミル・ヤクーニンである。ヤクーニンは、プーチン体制のKGB出身者の中で最も教会に近い位置におり、「正教会チェキスト」とも呼ばれる。モスクワの救世主ハリストス大聖堂で行われる復活大祭の儀式で、ヤクーニンはプーチンのすぐ後ろに立つ。また、ヤクーニンは、愛国的組織「聖アンドレイ・ペルヴォズヴァンヌイ財団」を運営し、ロシア内戦の白軍将軍デニキンやロシア・ファシズムの教祖イヴァン・イリイン（一八八頁）のモスクワへの改葬などの愛国プロジェクトにも力を入れる。

ヤクーニンの経歴書に「KGB」は出てこない。しかし、レニングラード機械大学を卒業した後、表向きはソ連対外貿易委員会やソ連国連代表部に勤めながら、KGB第一総局T局（科学技術諜報）の諜報員であったことがわかっている。ちなみに、ヤクーニンの対外貿易委員会時代の同僚に二〇〇四年から二〇〇七年までロシア首相を務めたミハイル・フラトコフがいる。フラトコフも公開されている経歴書上は、一貫して対外経済分野を歩んできた。しかし、首相職の後にプーチンから九年間もSVR長官を任せられたことがフラトコフの真の経歴を物語っている。フラトコフは長官を退任した後、KGB第一総局諜報問題研究所を母体とするロシア戦略問題研究所（RISI）の所長に就任した。同研究所は、プーチンから特命を受け、二〇一六年の米国大統領選介入の計画を策定したと言われる。

ソ連末期には、ニューヨークのソ連国連代表部で国連宇宙平和利用委員会を担当し、西側の先端科学技術の違法な獲得に従事していたヤクーニンであるが、ソ連崩壊後、敬虔なキリスト教徒に転身した。ヤクーニンは、一九一七年の十月革命で欧州に亡命した白系ロシア人の子孫を彼らのロシア正教会への信仰心を利用して「ロシア世界」に取り込む。ヤクーニンは、帝政ロシア貴族の子孫でフランス実業家のアレクサンドル・トゥルベツコイとともに「仏露対話」の代表を務める他、自らのNGO「文明の対話」を通してイタリア自動車メーカー「フィアット」元社長のセルジュ・デ・パーレンや仏共和党幹部にコネクションを有している。デ・パーレンも、白系ロシア人の子孫であり、一九九一年にレニングラードでプーチンに会い、プーチンが大統領に就任した後も度々面談している。英ファイナンシャル・タイムズ紙のモスクワ特派員だったキャサリン・ベルトンによれば、トゥルベツコイもデ・パーレンも、一九八〇年代にKGBによってリクルートされ、そのハンドラーはタス通信パリ特派員のカバーを使ったチェキストのイーゴリ・シチェゴレフだったという。シチェゴレフもプーチン政権で通信相を務め、正教会オリガルヒのコンスタンチン・マロフェエフと組み、ロシアの「伝統的価値」に反するサイト（LGBT等）を検閲する「安全なインターネットリーグ」を立ち上げている。

5　子どもからスポーツまで——全てを動員する

コムソモールからナーシへ

ソ連時代、マルクス・レーニン主義に基づき若者教育を行うコムソモールと呼ばれる共産党の青年団が作られた。コムソモールは、社会主義の宣伝だけでなく、チェーカーやKGBの指示に基づき、クラーク（富農）撲滅運動や「反ソ連分子」や外国人の監視で主導的な役割を果たした。

一国社会主義を唱えたスターリンの死後、フルシチョフは再び共産主義の国際的影響力の拡大に着手したが、その際、特に若者の力に注目した。一九五六年、コムソモールの指導下にソ連青年組織委員会を設置し、翌年、世界青年学生祭典を開催する（二一二頁）。フルシチョフの後継者となったブレジネフ書記長は、より具体的にコムソモールを「ソ連の対外政策の枢要な部分」と位置づけ、冷戦下で東西陣営に属さない「第三世界」と呼ばれたアジア、アフリカ、中南米でソ連の影響力を拡大させる闘争手段として利用した。一九六〇年代後半以降、コムソモールは第三世界の左翼青年組織と協力して識字率向上や医師派遣に力を入れた。コムソモール上級学校では九一ヵ国から約七〇〇〇人の若者をソ連に招待して訓練が行われたが、この訓練はマルクス・レーニン主義の講義だけでなく、「パルチザン闘争と大衆向け宣伝」などの工作活動の指導を含んだものだった。例えば、モザンビーク解放戦線は派遣した学生が「合法及び非合法の党活動」を学んだとソ連共産党に謝意を表明している。このような背景から、KGB第一総局（対外諜報）は将来のチェキストとしてコムソモールに有能な人材を求めた。ソ連崩壊後、コムソモールは解散せずに「モスクワ人文大学」として継続し、二〇一八年にはコムソモール創設一〇〇周年記念行事が行われた。

プーチン・ロシアでは、コムソモールをモデルにしつつも、より過激な青年組織が生まれている。まず二〇〇五年に地政思想のドゥーギンを中心にして「ユーラシア青年同盟」が結成された。この前年にウクライナで起こった「オレンジ革命」がロシアに波及することを恐れたクレムリンのイデオローグ、ウラジスラフ・スルコフが裏で糸を引く青年運動の一つであった。野党政治家や欧米外交官への妨害や嫌がらせ、ウクライナやエストニアなどの記念碑冒瀆に若者が動員された。

これは、「対称ロジック」と呼ばれる考え方に基づいている。つまり、野党がネットを駆使して体制と戦うならば、体制側にも同じようにネット部隊（例えば、トロール工場）が必要だ、野党支持の若者のデモがあるならば、体制支持の若者のデモ隊も必要だ、という考えである。

しかし、ユーラシア青年同盟との間で反目が生じたため、クレムリンはより忠実な組織を必要とした。それが、スルコフと政治技術者グレブ・パヴロスキーが構想し、スルコフの右腕ヴァシリー・ヤケメンコによって結成された若者組織「ナーシ（我らの仲間）」である。ナーシは、その豊富な資金力を背景に、毎年、数千人規模の若者をトヴェリ州のセリゲル湖畔に集めて大規模キャンプ（「セリゲル」キャンプ）を行い、愛国的なレトリックで若者を洗脳した。二〇〇〇年代、モスクワのテレビ局で働き、政治技術の内側を見た英国人ジャーナリストのピーター・ポメランツェフは、スルコフが一回手を叩けば新しい政党が現れ、もう一回手を叩けばヒトラー青少年団のロシア版「ナーシ」が出来上がる、と述べている。

コムソモールがソ連の対外政策の尖兵として果たした役割は、ナーシにも受け継がれている。ナーシの活動範囲は、既に述べたソーシャルメディアのサクラだけではない。二〇〇七年にエストニアの政府、議会、メディア、金融機関に対して仕掛けられた大規模なサイバー攻撃について、ロシア政府は関与を否定したが、その二年後の二〇〇九年、ナーシの顧問で政治技術者のセルゲイ・マルコフが、サイバー攻撃は自分の部下が行ったものだと発言し、ナーシの主要メンバーのコンスタンチン・ゴロスココフも関与を認めた。ゴロスココフの名前は、二〇一四年のウクライナ東部侵攻の際にも浮上する（二四一頁）。

公共プロジェクトとユナルミヤ

プーチンが大統領復帰を果たした二〇一二年頃から「ナーシ」の活動は下火になり、ロシアの青年政策はそれまでの官製ＮＧＯを通したプロジェクトから、国家による直接的介入へと移行していく。その象徴として、二〇一二年秋、大統領府に「公共プロジェクト局」が設置された。その目的は、ロシア社会の精神的及び道徳的基礎を強化し、若者の愛国教育の質を向上させること、それと関連したプロジェクトの策定と実施である。二〇一三年、この公共プロジェクト局は、ロシア科学アカデミー社会学研究所に対し、科学的に裏付けのある方法でロシアの若者を教育することを目的に、「歴史的記憶」（大祖国戦争神話）や「宗教的価値観」（ロシア正教会）の活用を念頭に置いた研究事業を委託した。

　子どもを対象とした愛国軍事教育も大規模に行われるようになる。二〇〇九年、プーチンは、ＤＯＳＡＡＦ《ドサーフ》と呼ばれるソ連時代に存在した「陸海空軍支援ボランティア協会」を名実ともに復活させた。一四歳から入会が可能で、軍入隊前の予備教育を行う組織である。さらに、このＤＯＳＡＡＦを基盤にして、二〇一六年七月、ショイグー国防相は、プーチンの賛同を得て、八歳から十八歳の児童青少年を対象に全ロシア児童青年軍事愛国社会運動「ユナルミヤ（青少年軍）」を創設した。この運動は、軍務に対して子どもが持つイメージを改善し、愛国的伝統を広めることで、「祖国防衛の国民的義務と憲法上の義務を果たす」若者の育成を目的とする。元宇宙飛行士で国家院議員のロマン・ロマネンコがユナルミヤの初代代表を務め、組織本部にはロシア軍の人事や愛国教育の担当幹部の他、コメディアンのミハイル・ガルスチャン、棒高跳び金メダリストのエレーナ・イシンバエワ、テレビ司会者ティナ・カンデラキも名を連ねた。

ロシア全国にユナルミヤ・センターの開設が進められ、クラス全体で強制加入させられるケースも報道された。西シベリアのヤマル・ネネツ自治管区では、全ての学校にユナルミヤ支部を開設するよう非公式の通達が出され、管区の生徒全体の五％をユナルミヤ隊員とするノルマが課された。勧誘には、お笑いコンテスト、人気プロサッカークラブ「ＣＳＫＡモスクワ」（前身はソ連「軍中央スポーツクラブ」）が協力するスポーツ行事、ロシア環境保護協会との植樹共同事業「緑の楯」など、さまざまなサークル活動が使われる。子どもたちは大祖国戦争についての「正しい」歴史観を学ぶだけでなく、軍歌を歌い、カラシニコフ銃の組立て、射撃訓練、宿営を含む訓練に参加する。また、祖国防衛の日（二月二三日）と戦勝記念日（五月九日）の前には、ソ連時代にも行われた行進や軍事シミュレーション・ゲーム「ザルニーツァ（雷）」が行われる。ユナルミヤの発表によれば、二〇一九年の隊員数は五〇万人であったが、その後三年間で倍増し、二〇二二年に隊員は一〇〇万人を超えた。子どもの人権問題を担当する大統領全権代表のアンナ・クズネツォヴァは、身寄りのない孤児にもユナルミヤ隊員となるよう呼びかけた。

ロシアの軍事教育は、ユナルミヤにとどまらない。ロシアには以前より士官候補生（カデット）を養成する中高一貫のカデット学校があるが、二〇一四年頃には普通科学校にも七〇〇〇を超えるカデット課程（七歳または一一歳から開始）が設置され、ロシア全体で数十万の子どもが通う。また、保育園でも、カデット・グループを設ける動きがあり、カデット課程の上級生が保育園児に銃の持ち方を教える光景も見られる。さらに、多くのロシア正教会では、神父の祝福の下、子どもの軍事教練を行うクラブや日曜学校が開催される。

二〇二二年九月からは、ソ連時代のピオネール（共産主義少年団）に似た組織の復活へ向けた法制化が始まるとともに、毎週月曜日に小学校三年生以上に「伝統的家族の価値観」（反ＬＧＢＴを含む）を教え、愛国教育を施す課外活動が始まった。九月一日の初回、カリーニングラード州の学校では、プーチンとの対話の形式がとられた。この活動では、大祖国戦争や対ウクライナ「特別軍事作戦」で戦死したロシア兵を英雄化し、「祖国の幸福は命よりも大事だ」「祖国のために死ぬのは怖くない」と子どもに教えている。

ロシアでは、保育園から一貫して愛国軍事教育を行うサイクルが確立しつつある。

スポーツの父

二〇二二年九月、西シベリアの都市ノボシビルスクで不思議な光景が見られた。チェーカー初代長官フェリックス・ジェルジンスキーの生誕一四五周年祭に、地元のFSB幹部だけでなく、ロシア全土に一三〇万人の会員を抱える全ロシア・スポーツ協会「ディナモ」の幹部や元五輪金メダリストが参加していたのだ。ディナモ幹部は挨拶で、チェーカーの父に敬意を表し、ディナモは創設一〇〇周年（二〇二三年）を前にしてジェルジンスキーが確立した「輝かしい伝統」を引き継いでいくと述べた。というのも、多くの五輪選手を世に送り出してきたディナモ協会の前身は、「GPU（国家政治局）体育協会」であり、その初代名誉会長がジェルジンスキーだからだ。第1章2で触れたとおり、一九八三年にはKGB第五局にディナモを専門に管理する部署が置かれた。

スポーツは、プーチンの対外政策の手段でもある。プーチンの政敵であるベレゾフスキーのメディア資産の没収を仲介したオリガルヒのロマン・アブラモヴィチ（一五〇頁）は、イングランド・プレミアリーグのサッカークラブ「チェルシーFC」を買収した。アブラモヴィチの元同僚によれば、この買収はプーチンの指示によるものであった。この買収でアブラモヴィチは一躍有名になり、英国のエリート層だけでなく一般のサッカーファンに対しても影響力を持つようになった。二〇一八年のロシア・ワールドカップ誘致では、アブラモヴィチはFIFA（国際サッカー連盟）幹部の取り込みに重要な役割を果たした。

二〇一五年にWADAが発表したロシアの大規模ドーピング違反（二二〇頁）に関する最終報告書によれば、ロシア人選手の尿サンプルの検体分析を行うモスクワのWADA認定分析機関にはFSBの担当者が毎週のように出入りし、のちに米国に亡命した同分析機関のグリゴリー・ロドチェンコフ所長からWADAの雰囲気を聴取していた。また、分析機関の職員によれば、事務所はFSBによって盗聴され、ソチでは分析機関の技官に扮したFSB職員まで配置されていた。

スポーツの世界での制裁逃れにも情報機関の関係者が関与する。日本のレスリング関係者とも交流があるロシア・レスリング連盟副会長ゲオルギー・ブリューソフは、二〇一二年のロシア大統領選中、選挙不正に抗議する反プーチン派のデモに対峙するため、レスリング連盟、柔道連盟、サンボ連盟などに所属する屈強な若者をモスクワ中心部に動員した人物である。二〇一四年には、スルコフ大統領補佐官の下で、表向きのスポーツ関係の肩書とは全く関係のない、反ウクライナ偽情報作戦の立案や要員リクルートに密かに参加しており、情報機関のバックグラウンドが疑われる。二〇一七年、ロシア政府主催の大規模国際行事の企画運営を行うロスコングレス基金の副総裁に昇進したブリューソフは、新聞のインタビューに対し、ロシアが大規模ドーピング違反の制裁を受ける中で、ハイレベルのビジネス・経済会議にスポーツを融合させることでロシアのスポーツ界がチャンスを得られると述べた。

このアイディアを実現したのが、二〇一七年九月、ウラジオストクの東方経済フォーラムのサイドイベントとしてプーチン大統領と安倍晋三首相が観戦する中で開催された嘉納治五郎杯国際柔道大会であった。観客席には日露政府関係者に交じり、満足げなブリューソフの姿があった。また、両国首脳に加え、山下泰裕全日本柔道連盟会長及びプーチンの友人であり富豪のアルカディ・ローテンベルク・ロシア柔道連盟第一副会長らの立会いの下、国際柔道センター起工式が行われた。ローテンベルクの所有する建設会社はロシア本土とクリミア半島をつなぐ橋、「クリミア大橋」を違法に建設中であり、ローテンベルクは米国及びEUの制裁リストに入っていた。このセンターで養成されるアスリートは、「柔道の伝統への敬意」（外務省）を養うどころか、反体制派デモの弾圧に動員されるだろう。二〇二一年、ブリューソフは国営ロシア代表トレーニングセンターの所長に就任した。このセンターは、ロシアの「特別軍事作戦」を支持し、西側の対露制裁に対抗して「ロシアのスポーツ主権」を確立するため、選手に対する国家管理を一層強める施策を実施している。

ソチ――諜報の要塞

ソ連時代から黒海沿岸の保養地ソチはKGBの諜報活動の中心地であった。KGBは、年間一〇〇万人のソ連人、一万人近くの外国人が訪れるリゾートで、外国の諜報員がソ連人に接触するのを防ぐだけでなく、外国人観光客のリクルートも行った。このため、ソ連各地から「旅行者」に扮したベテランのエージェントがソチを管轄するKGBクラスノダール地方ソチ支部に集められた。というのも、外国人は、同じソ連人でも、自らを罠に嵌めるかもしれない地元人よりもソ連の他地域から「偶然やってきた」旅行者に対して警戒心を緩める傾向があったからである。これらのエージェントは、ビーチ、公園、ツアー等で偶然を装って外国人に近づいた。標的となる外国人の異性のエージェントが偶然の出会いを装うことも多かった。

FSB研究者のアンドレイ・ソルダトフとイリーナ・ボロガンによれば、プーチンは、二〇一〇年にFSB将軍のオレグ・シロモロトフを二〇一四年のソチ五輪の安全対策を担当する委員会のトップに任命した。一方、シロモロトフは、テロ対策を担当した経験はなく、そのキャリアはKGBとFSBを通してスパイ摘発の防諜を専門とし、二〇〇〇年からは防諜を総括するFSB副長官のポストにあった。二〇〇三年のFSB法の改正により、KGBの対外諜報の所掌であった「ソ連領からの諜報」は「ロシア領からの諜報」としてFSBの権限となった。つまり、ソチ五輪のようなロシア国内で開催される国際行事は、FSBにとって防諜の場であるだけでなく、諜報の場でもある。ソルダトフが入手した資料では、五輪の会場、メディアセンター、ホテルの電話、インターネット等の通信手段にはFSBが傍受できるようSORMという装置（九三頁）が設置された。米国務省は、ソチ五輪観戦のためロシアに旅行する米国民に対し、SORMがロシアの通信網を経由する全てのデータを監視、記憶、分析できることを説明し、携帯電話や電子機器に対する監視や情報抜き取りの危険性を警告した。

二〇一三年一一月、メドベージェフ首相は、ソチ五輪でFSBの監視対象となる者のリストに署名した。組織委員会、選手、審判、メディア関係者の個人情報、通話記録、インターネット通信データが収集され、データベース化された。その他、ソチ五輪期間中にFSBが記録した映像データ（例えば、外国人と娼婦とのセックス）は、コンプロマットとして利用されることになろう。プーチンが外国首脳との会談場所にソチを選ぶのは、風光明媚な観光地で相手をリラックスさせるためだけではない。ソチは、KGBとFSBが諜報インフラとエージェント網を構築した要塞なのである。

第6章　ロシア・ウクライナ戦争——チェキストの戦争

二〇一三年一一月、キーウの独立広場でヤヌコーヴィチ大統領がＥＵ連合協定署名を棚上げしたことに抗議する運動「ユーロマイダン」が始まった。政権側によるデモ弾圧後、抗議活動は拡大し、翌年二月にはヤヌコーヴィチ大統領がロシアへ逃亡して「尊厳革命」が成立した。一方のロシアは、この混乱に乗じて三月にクリミアを違法に併合した。これら一連の出来事は、「ウクライナ危機」や「ウクライナ問題」と通称されることが多い。また、クリミア併合に続き、ウクライナ東部で勃発した戦争は「ウクライナ紛争」や「ウクライナ内戦」と呼ばれる。これらの用語はいずれもウクライナ国内に問題があるかのような印象を与える。しかしここで確認しておかねばならないのは、「危機」や「紛争」の根本的原因を作ったのは、ウクライナの内政に干渉し、軍事侵攻したロシアなのである。

それにもかかわらず、なぜ「ウクライナ内戦」のようなロシアのナラティブがメディアや学界を席巻したのか。旧ソ連地域の研究に根を張るロシア中心主義、米国一極主義への反発から「オルタナティブ」を求める認識論、ロシアのシンクタンクの活動と海外浸透からこの問題について考えてみたい。

1 ウクライナ侵攻——作り出された「内戦」

アクティブメジャーズ「包括措置」

ロシアの対ウクライナ戦争は、アクティブメジャーズと軍事作戦の比重の違いによって、三段階に分けることができる。二〇一三年初めから同年末頃までのプーチン肝煎《きもい》りによるアクティブメジャーズ「包括措置」の期間、二〇一四年から二〇二一年までの強弱さまざまな軍事介入とアクティブメジャーズの並行的展開、そして、二〇二二年二月以降の全面侵攻である。この間、戦術の変化こそあれ、ロシアの戦略目標は欧州に向かおうとするウクライナを自らの「影響圏」に引き留めることで一貫している。

第一段階は、ウクライナのＥＵ統合を阻止するアクティブメジャーズである。直接のきっかけは、二〇一二年に大統領に復帰したプーチンの「ユーラシア統合」プロジェクトであった。プーチンは、このロシアを中心とした地域統合に、ベラルーシやカザフスタンに加え、ウクライナを引きずり込むことを至上命題とした。他方、そのウクライナは、ヤヌコーヴィチ大統領の下でロシアとは一定の距離を保っていた。「親露派」という形容詞がつくヤヌコーヴィチだが、いざ選挙が終わればライバル候補との対立軸を作るための親露的スローガンは鳴りを潜めた。ヤヌコーヴィチやその長男オレクサンドルを始めとする「ファミリー」は、ウクライナの主要な国営企業だけでなく地方の中小企業までも恐喝する闇の集金システムを作り上げていた（このため反ヤヌコーヴィチのユーロマイダンには中小企業経営者が多く参加した）。二〇一七年のウクライナ検察庁の発表によれば、ヤヌコーヴィチ政権による横領額は四〇〇億ドル、ウクライナの国家予算一年分に相当する。ヤヌコーヴィチはこの既得利権を守るため、二〇一五年に予定されていた次の大統領選では西部・中部の票を取り込み再選を確実にするため、「欧州への統合」をスローガンにする必要があった。ヤヌコーヴィチ大統領に従う与党「地域党」も欧州統合路線を支持し、ウクライナ政府は二〇一二年にEUと連合協定のテキストの調整を終え、翌年一一月の東方パートナーシップ首脳会合でヤヌコーヴィチ大統領による署名が予定されていた。

プーチンは、ユーラシア統合へのウクライナの参加の可能性をめぐって、「ロシアはどの国に対しても何も押しつけることはない」と公言していた。しかし、この言葉とは裏腹に、二〇一二年末頃、セルゲイ・グラジエフ大統領顧問に対し、「ユーラシア統合プロセスへのウクライナの取り込みに関する包括措置」（以下「包括措置」）と呼ばれるアクティブメジャーズの作成を秘密裡に指示していた。このロシアの秘密計画の内容は、二〇一三年夏にウクライナの『週の鏡』紙に暴露され、その後ウクライナのハッカーがハッキングして公開したグラジエフとその部下キリル・フロロフのメールの内容と照合して信憑性が確認された。グラジエフは、一九九〇年代初期にエリツィン政権の対外経済関係相を務めた保守系経済学者だが、アクティブメジャーズの作戦立案者として情報機関との関係が強く疑われる。

「包括措置」は、ウクライナがEU連合協定に署名すれば、ロシアが主導する関税同盟（ユーラシア統合）へ向けた道は閉ざされ、同国の「EU依存を急激に高め、ロシアの将来の展望はなくなり、ウクライナ指導部は親欧米勢力にイニシアティブを渡す」と予測した。この事態を回避するため、「包括措置」は、ウクライナの対ロシア依存を高め、関税同盟を支持する社会・政治勢力を結集して、親露ネットワークを至急構築する必要性を訴えた。

具体的には、ウクライナ国内のユーラシア統合支持者を活性化させ、これに「反対する勢力を無力化する」ために「意思決定の中心に集中的、多面的な働きかけ」を行うことを提言した。ターゲットは、ヤヌコーヴィチとその取り巻き、政権に近いウクライナのオリガルヒ、政府、政党、メディア、産業界、学術界、地方有力者、正教会まで幅広く設定された。

「包括措置」では、計画が「『モスクワの仕業』と疑われないようにウクライナ人に実行させる」ことが強調された。モスクワの関与を隠蔽するのは、アクティブメジャーズの最も重要な特徴のひとつである。とくに、プーチン大統領が個人的に親しくするウクライナの政治家ヴィクトル・メドヴェチューク（四二頁）の協力を得た。二〇一三年、ロシアはこの計画に基づき、ウクライナで政治、経済、文化、教会を利用したさまざまなプロジェクトを実施した。メドヴェチュークが代表を務めるロシアのフロント組織「ウクライナの選択」運動は、これらの主要なイベントの主催者となった。

ロシアのCIS諸国研究所研究員の肩書を持ち、プーチンを「ツァーリ（皇帝）」と呼ぶキリル・フロロフは、ロシア正教会を通じたアクティブメジャーズの責任者となった。ウクライナには、キリル総主教に従うモスクワ総主教系の正教会とこれと対立するキーウ総主教系の正教会がある。フロロフはキリル総主教の秘書へのメールで、ロシア正教会が、旧ソ連諸国に残るモスクワ総主教系の教会と連携して、ウクライナやベラルーシの世論を「正しい方向」に導けば、プーチンのユーラシア統合計画の実現に大きく寄与する、と説いた。ロシアは、二〇一三年夏に予定されたキーウ・ルーシ洗礼一〇二五周年記念行事の主導権をウクライナから奪うため、「ウクライナの選択」やその他の親露組織を通して、ウクライナ人に対しスラブ民族の統合を呼びかける集会や会議、無料コンサート・ツアー「我らはひとつ」を開催した。また、EU連合協定問題をLGBTや同性婚の問題にすり替え、EUとの統合は「ゲイローパ」（「ゲイ」と「ヨーロッパ」の合成語）を受け入れることだ、というブラックPR（誹謗中傷）を行った。さらに、リークされたメールによれば、同年七月にルーシ洗礼記念行事のためにキーウを訪れたキリル総主教がグラジエフの指示を受け、モスクワ総主教系教会の信者でもあるヤヌコーヴィチ大統領に対し、欧米に付き従えば「フセイン、ミロシェビッチ、ムバラク」の二の舞になると脅し、「特殊肯定感化」（一二二頁）を行おうとした形跡も見られる。

ヤヌコーヴィチに対するモスクワの不信は根強かった。「包括措置」は、ヤヌコーヴィチは親露的政策をとった場合にウクライナ国内で抗議デモが起こることを恐れていると指摘し、「この恐れはヤヌコーヴィチに近く、欧米のパートナーまたは情報機関に依存したオリガルヒによって増幅されている」と分析した。チェキストは、どこにでも欧米の情報機関の影を見るのである。

クレムリンは影響力を持つウクライナのオリガルヒを「アメとムチ」でユーラシア統合に引き込もうとした。まず、キーウに設置されたロビー組織「関税同盟業者連盟」がメドヴェチュークの「ウクライナの選択」やロシアの関連省庁と協力して、ウクライナの企業を招待したさまざまなテーマのセミナーを開催し、新規投資を約束してユーラシア統合のバラ色の未来を描いてみせた。なお、さまざまなシンクタンクがEU連合協定とユーラシア統合のそれぞれがウクライナにもたらす経済効果を試算・比較したが、ロシア傘下のユーラシア開発銀行以外はどの機関もEU統合の長期的メリットを指摘した。

一方、「包括措置」は、「関税同盟に反対し、あからさまにEU統合を呼びかける政治勢力を支持する企業、オーナー、社長に対しては制裁を行う」とした。このムチは、二〇一三年夏、ロシアからウクライナに対する「貿易戦争」として顕在化した。ロシア政府は、ウクライナ製鋼鋼管の無関税輸入の停止を発表した。これによってウクライナを代表するオリガルヒ、「インテルパイプ」のヴィクトル・ピンチュークと「ドンバス産業連盟」のセルヒー・タルータが打撃を受けた。また、ウクライナに対する政治的報復を貿易の技術的問題に偽装するため、ロシアの規制当局が活用された。これは、ロシア国内で反体制派に政治的圧力をかけるために税務調査などを活用するのと類似の政治技術である（一四二頁）。ロシア税関は、ウクライナの全企業に対する税関検査を一律に厳格化し、ロシア消費者権利保護福祉監督庁はのちに大統領となるペトロ・ポロシェンコの所有するロシェン社のチョコレートから有毒物質が検出されたとクレームをつけ、輸入を禁止した。ウクライナから輸入される野菜や果実に対する検疫も強化された。

今から振り返ると信じがたいが、この頃、ウクライナでは、内政の混乱が続いた自国の政治家よりも、ロシアを強国にし経済を復活させた強いリーダーとしてのプーチンの人気が高かった。二〇一二年の調査では、ウクライナ人の五三％がプーチンを肯定的に評価した（これはメルケル独首相の五六％とほぼ同じレベルである）。プーチンは、二〇一三年七月のキーウ・ルーシ洗礼記念行事でキーウを訪問した際、ヤヌコーヴィチ大統領との会談をたったの一五分で切り上げ、メドヴェチュークの「ウクライナの選択」が主催するフォーラムで「ロシアとウクライナは常にひとつであった。統合にこそ我々の将来がある」と述べ、自らの威光でメドヴェチュークの人気を押し上げようとした。

しかし、「包括措置」はことごとく失敗した。ロシアによる貿易戦争は逆効果となり、対立関係にあったウクライナのオリガルヒを団結させた上、二〇一三年秋の世論調査で欧州統合路線支持はウクライナ独立以来初めて五〇%を超えた。また、プーチンによる後押しにもかかわらず、メドヴェチュークの支持率は一%未満と停滞した。プーチン人気は、メドヴェチューク支持につながらなかった。こうして、「ウクライナの選択」に偽装した「ロシアの選択」は見事に失敗した。

唯一の成功は、一一月のヴィリニュスでのEU東方パートナーシップ首脳会合の直前に、プーチンが、ヤヌコーヴィチと数回にわたり秘密裡に会談し、EU連合協定への署名を翻意させたことである。「包括措置」は、汚職にまみれた「ヤヌコーヴィチ個人の経済的利益を考慮」することを重視した。ヤヌコーヴィチはプーチンのゆすりに屈したのである。一一月中旬にウクライナ政府が突如発表したEU連合協定署名延期への抗議としてキーウの独立広場で始まった集会は、当初は数百人の小規模なものだった。しかし、政権側が、集会に参加していた学生やジャーナリストを暴行、逮捕したことが大きな転換点となった。ウクライナで過去に例のないデモ弾圧は、国民の広い層の怒りを呼び、一二月一日にはヤヌコーヴィチの退陣を求める二〇万人規模のデモへと発展した。翌二日、クレムリンの内部報告は、これを「過去九年間で最大規模の反政府デモ」と表現し、二〇〇四年のオレンジ革命の再来を見た。二〇〇四年との違いは、「包括措置」の失敗に見るように、この時のウクライナにはモスクワが頼りにできる親露勢力が皆無であることだった。二〇一三年末頃、ロシアは戦術を大きく転換した。翌年二月、ロシアは徽章を外した覆面の部隊にクリミアを占拠させ、翌月、偽の「住民投票」を実施してこれを違法に併合した。また、ウクライナ東部でもロシアのエージェントが活動を活発化させていた。

軍事侵攻を「内戦」にすり替える

包括措置の失敗後、ロシアは、ウクライナ東部のドネツク州及びルハンスク州に自ら作り上げた疑似国家「ドネツク／ルガンスク人民共和国」をトロイの木馬としてウクライナの政治体制に埋め込み、これらの傀儡がEU・NATO加盟路線に対し拒否権を行使することでウクライナの対外政策を制約する支配体制の確立を目指した。ウクライナに対するこの明白な主権侵害は婉曲的に「連邦化」計画と呼ばれ、スルコフ大統領補佐官が統括する大統領府CISアブハジア南オセチア社会経済協力局が中心となり、FSB、GRU、他の政府機関との連携の下で進められた。

クリミア併合よりも前の二〇一四年三月前半、ウクライナ東部に潜入した親クレムリン若者組織ナーシのコンスタンチン・ゴロスココフは、「ドンバス・コーディネーター」を名乗り、地元の親露活動家五〇名から成る「調整会議」を立ち上げた。ゴロスココフは、これら活動家に陣地を設営させ、武器を供与し、町の重要施設を占拠させる必要性をモスクワに報告した。翌月、この調整会議は「ドネツク共和国」樹立を宣言した。リークされたメールの中で、ゴロスココフは、ドネツク、オデーサ、ムコライウで反政府活動を行うウクライナ人活動家（パーヴェル・グバリョフ、アントン・ダヴィドチェンコ等）は、二〇〇九年にナーシが開催した「セリゲル」キャンプ（二二四頁）で訓練を受けたと述べている。ナーシ幹部であったゴロスココフは、ウクライナでリクルートや破壊工作活動を行うGRU（ロシア軍参謀本部の諜報機関）の工作員であると考えられている。

四月頃、クレムリンはウクライナ東部に非正規部隊を送り込む。セルゲイ・イワノフ大統領府長官に近いロシアのオリガルヒのコンスタンチン・マロフェエフが非正規部隊の偽装に協力した。マロフェエフの投資会社社員に扮した政治技術者アレクサンドル・ボロダイとFSB将校イーゴリ・ギルキンは、武装集団を引き連れてドネツク州に乗り込み、主要な政府施設を占拠した。ルハンスク州にも別の政治技術者と武装集団が送り込まれた。ボロダイとギルキンはそれぞれ「ドネツク人民共和国」の「首相」と「国防相」を自称した。これに対し、ウクライナは対テロ作戦を開始し、ロシアの非正規部隊を押し返してドネツク・ルハンスク両州を徐々に解放していった。八月に入るとウクライナ政府・軍部にはあと一ヵ月もあれば両州を完全に解放できるという楽観論が広がっていた。

しかし、ソ連生まれでカリフォルニア大学で教鞭をとった数理心理学者ウラジーミル・ルフェーヴルの言葉通り「紛争は、学者の討論とは違い、もっともクリエイティブな嘘つきが勝利する」のである。ここでは、敵の指揮官に周到に用意された情報を与えることで、自らに不利な決定や判断を「自主的に」させるリフレクシブ・コントロール（反射統制）が使われた。ロシア軍は、完全にウクライナの意表を突く形で侵攻した。対テロ作戦でドネツク州方面の司令官を務め、後にウクライナ軍の参謀総長になるルスラン・ホムチャークは「自分には、ロシアがあからさまにウクライナに侵入し、正規軍を使って作戦を展開するとはまったく信じられなかった」と回顧する。モスクワは、ウクライナの政治家が選挙モードに入る議会解散日に近く、かつキーウで軍事パレードが予定されていた独立記念日の八月二四日に照準を合わせた。また、ロシアは正規軍による直接介入をカモフラージュするため、「人民共和国軍」が反攻に転じた、という情報操作も併せて行った。

リフレクシブ・コントロールは、政治交渉と軍事行動を巧みにシンクロさせて、交渉のテーブルでの利益を最大化する。八月下旬、ロシアは正規軍投入を前にして、ウクライナ側に両「人民共和国」との和平交渉の席につくよう呼びかけた。同月二五日、数日後にベラルーシのミンスクで行われる両国首脳会談を前に、ウクライナ側がロシア側に送った和平計画案にはロシア軍の撤退を求める項目は含まれていなかった。しかし、このときロシア軍は既に国境を越えてウクライナ領に侵入しており、その後破竹の勢いでドネツク州のロシア国境地帯を制圧した。八月末にはイロヴァイスクでホムチャーク司令官が指揮していたウクライナの主力部隊が包囲された。ウクライナにロシア軍は「いない」ことになっているので、プーチンは「人民共和国軍」に対しウクライナの部隊が撤退するための「人道回廊」を設けるよう呼びかけた。しかし、プーチンの言葉は嘘であった。ロシア軍は退却するウクライナの部隊に集中砲火を加え、四〇〇名を超えるウクライナの軍人・志願兵が文字通りバラバラ、丸焦げになって戦死した。このイロヴァイスク包囲戦は、ウクライナが一九九一年に独立して以降、最大の犠牲者をもたらした戦闘となり、ウクライナ側は遺体の回収と本人特定のためのDNA鑑定に数年を要した。

このようにロシアは、ウクライナ側に壊滅的打撃を与えてその戦意をくじき、ポロシェンコ大統領に、ドネツク州及びルハンスク州のロシア側占領地域の暫定自治を趣旨とするミンスク議定書を文字通り「のませた」。翌二〇一五年二月にもロシアは同じように、ウクライナ側が支配していたドネツク州の交通要衝デバリツェヴェに対し大規模攻撃を展開しながら、ミンスクで行われていた独仏を含むノルマンディー・フォーマット首脳会合で、ウクライナ側に対しウクライナ憲法改正やドネツク・ルハンスク両州の「特別地位」に関する恒久法制定を含む屈辱的なミンスクII協定を押しつけた。ポロシェンコ大統領は、ロシア側が合意（軍撤退等）を履行しない限り対露制裁を解除しないというメルケル独首相の確約を受け、断腸の思いでこれを受け入れた。

これと並行して、ロシアは国際世論に対して、あからさまな軍事侵攻をウクライナの「内戦」にすり替え、ロシアを紛争の当事者ではなく、「調停者」に見せる演出を行う。当初、ロシアは、ウクライナ東部の全ての州を含む「ノヴォロシア」(プーチン)をロシアの傀儡として立てる予定であったが、ほとんどの州でロシアへの支持は広がらなかった。このため、ソ連時代のウクライナ東部の行政境界変遷の歴史を参考にしてドネツク・ルハンスクの二州のみを「ドンバス」として復活させることに決めた。

次に、このドンバスで「内戦」の当事者となる「親露派」リーダーが必要となる。クレムリンはウクライナ東部の密輸ブローカー、ネズミ講リーダー、腐敗した役人等を面接した上で雇い、地元の「親露派」に仕立て上げた。逆説的ではあるが、この地域の独立やロシアとの統合を本気で望む親露派はクレムリンから退けられた。というのも、ロシアは、欧米のさらなる制裁やドンバス統合による財政的負担を負いたくなく、「親露派」にはウクライナの政治体制の中にとどまってモスクワの指示を実行してもらわねばならないからである。

この「ドンバス」プロジェクトには、多くの政治技術者が関与したが、そのなかにアレクサンドル・カザコフという自称「政治学者」がいる。カザコフは右派強硬派として知られるロシア副首相ドミトリー・ロゴジンの在外ロシア人(同胞)問題顧問や公共評議会の環境安全専門家グループ長など複数の肩書を持つ。ウクライナのハッカー集団が公開したスルコフ大統領補佐官(ウクライナ担当)のメールによれば、二〇一四年春頃からカザコフは、対ウクライナ偽情報作戦の一員としてスルコフが主催する「専門家会合」（一五二頁）に参加するようになる。カザコフの仕事は、密輸ブローカーから「ドネツク人民共和国首班」に転身したアレクサンドル・ザハルチェンコの顧問として、プーチンにも逆らう「ドンバスの猛者」のイメージを作ることであった。カザコフは、ザハルチェンコに記者会見で「ドンバスの命運はドンバスで決められる。モスクワ、ワシントン、ベルリン、パリではない」、「私は誰の操り人形にもなるつもりはない」など、クレムリンに「懸念」を抱かせるかのような発言をさせた。これを真に受けた米国のウクライナ・ロシア政治研究者アレクサンダー・モティルは、『フォーリン・アフェアーズ』誌への寄稿で、ウクライナ東部の和平はプーチンだけでなく、ドンバスの失地回復を宣言し、妥協を許さない強硬なザハルチェンコにもかかっている、という主張を展開した。これは政治技術が、米国の学界の権威と『フォーリン・アフェアーズ』という影響力のある雑誌を通して、ロシアは紛争当事者ではないという印象を世界中に拡散した例である。もちろん実際のザハルチェンコは、モスクワの指示に忠実な雇われの身に過ぎなかった。また、カザコフは、ザハルチェンコを地元のヒーローにするため、ロシアの極右系人気作家ザハル・プリレーピンにザハルチェンコを主役にしたドキュメンタリー小説を書かせた。

元外交官で評論家の佐藤優は、ソ連末期のモスクワ大学で当時学生だったカザコフ（サーシャ）と出会っている。佐藤は、カザコフが、哲学部のゼミ発表でマルクス・レーニン主義を公然と否定したことに衝撃を受け、「私の人生を一変させた人物」、「無二の友人」と呼び(『自壊する帝国』)、「サーシャが私に嘘をつくことは絶対にありません」と信頼を寄せる(『欧米の謀略を打ち破り よみがえるロシア帝国』)。佐藤は二〇一四年以降、この「友人」から提供される情報等をもとに日本の複数のメディアで、ユーロマイダン革命後のウクライナ政府にネオナチや反ユダヤ主義者がいるとし、「ロシアが毒蛇ならば、ウクライナは毒サソリのようなもの」(『SAPIO』二〇一四年五月号等)と述べ、日本政府のウクライナへの支援を牽制した。その一方で、二〇一四年に予定されていたプーチンの訪日については、対露制裁の連帯の観点からこれに難色を示す米国の意見に左右されることなく、実現されるべきだと主張した(『Wedge』二〇一四年九月号)。二〇二一年一二月、佐藤は、クレムリンから定期的に日本の政治家やメディア向けのテーマ集(一五二頁)を受け取っていることを以下のように記述している。

日露関係で、表面上、大きな動きがなくなると、決まってクレムリン(ロシア大統領府)筋から筆者に情報が届く。ロシア側の認識を筆者に伝えれば、それが新聞、雑誌などを通じて首相官邸やロシア政治に関心を持つ人に届くとの計算からであろう。
(毎日新聞・政治プレミア「岸田政権に対するクレムリン筋の見方」二〇二一年一二月二日)

2 「ウクライナ危機」を見る眼――学術界とロシア

ロシア中心主義と反米国覇権主義

二〇一四年、著名なロシア研究者のスティーヴン・コーエン（米）、リチャード・サクワ（英）、ヨルグ・バベロウスキー（独）は、ロシアの地政的利益や歴史の観点からクリミア併合を正当化した。また、国際政治学者で攻撃的リアリズム論者のジョン・ミアシャイマー（米）は、クリミア併合は、プーチンの帝国主義的野望ではなく、NATOの東方拡大を恐れ、ヤヌコーヴィチ政権の崩壊に直面したプーチンがロシアの国益を守るために反射的にとった自衛的行動であるとして擁護した（これは、プーチン本人の主張ほぼそのままである）。こうした研究者の認識の背景には、以下で述べる二つの共通の問題がある。

第一の問題は、ウクライナの存在を否定・矮小化するロシア中心主義である。このバイアスは、とくにロシアの情報源に近い専門家に顕著である。例えば、ロシアのウクライナ全面侵攻が始まってすぐ、西側専門家の多くは、ロシア軍は制空権を取り数日以内にキーウを陥落させ、ウクライナ全土を制圧するのも時間の問題だ、と見ていた。なぜこのように判断を誤ったのか。キーウ・モヒーラ・アカデミー国立大学のタラス・クジオが議論するように、西側のシンクタンクは、多かれ少なかれロシアの目を通してウクライナを見ていたからである。ロシアの軍改革、兵力や指揮系統の効率性を過大評価する一方、ロシア軍内部に蔓延する汚職を過小評価した。逆に、ウクライナの汚職や国家の「東西分裂」（ロシアのプロパガンダである）を過大評価し、二〇一四年以降のウクライナの軍改革の成果や国家の強靭性、東部を含む地方のリーダーや国民の愛国心を過小評価した。

　ロシア中心主義に陥る専門家は、ロシアとウクライナの関係を説明する際に「兄弟民族（国家）」という表現を使う。しかし、過去五〇〇年の歴史を振り返れば、ウクライナは、帝政ロシア、ソビエト・ロシア、現代ロシアから計一一回侵略されている。二〇二二年一二月、ウクライナで多くの民間人を虐殺し、数えきれないほどの町や村を廃墟にした「特別軍事作戦」の開始から一〇ヵ月、プーチンは国防省での会議で「今でもウクライナ人は兄弟民族だ」と平然と述べ、「ロシア世界」を解体しようとする外国勢力を批判した。「兄弟民族」は、「大ロシア人」（ロシア人）が「小ロシア人」（ウクライナ人）を服従させるために使うレトリックに過ぎないのである。

　また、ヴァルダイ討論クラブ（一三〇頁）に参加するロシア研究者は、ロシア語で「ウクライナ」は元々「辺境」を意味する一般名詞「オクライナ」で、二〇世紀にレーニンがポーランド的世界とロシア的世界をくっつけて「ウクライナ」という国家と固有名詞が作られた、と説明する。ロシアの歴史プロパガンダに忠実な解釈である。しかし、文献（年代記）で「ウクライナ」が最初に言及されたのは、一一八七年であり、ペレヤスラウ公の死去に際し

「ウクライナが泣いた」という表現が見られる（ペレヤスラウ公国はキーウ大公国内の公国）。ロシアやポーランドから見た「辺境」ではなく（このとき今のモスクワは寒村だった）、自らの土地を示す語（エンドニム＝内生地名）であったのである。

第二の問題は、欧米で主流となっている言説を避け、「オルタナティブ」を追い求める反覇権主義的な認識枠組みである。この思考は、「真実はひとつではなく、相対的なもの」「あらゆる意見が価値を持つ」というポストモダン的思考とも共鳴する。これらの立場をとる専門家は、欧米の主要メディア（CNN、BBC等）の言説やそれらの表象に挑戦することに意義を見出す。一方、米国の覇権主義に挑戦するロシアに期待を寄せるあまり、研究テーマの選定時からロシアに批判的なトピックを避け、モスクワ発の情報を無批判に受容してしまいがちになる。これは今に始まったことではない。例えば、一九八〇年代の米国には、学生にCIAの陰謀や悪事を語る一方で、アフガニスタンに侵攻して虐殺を繰り広げるソ連の幹部を喜んで受け入れる教授がいたのである。このような研究者は、ソ連崩壊後、「帝国主義の打倒」を「一極覇権主義の終焉」や「多極化世界の推進」に置き換えただけで、その本質は変わらない。

ロシア中心主義と反覇権主義に染まる研究者は、プーチン・ロシアに対する正当な批判を「欧米のロシア嫌悪症」（一七七頁）と捉え、ロシアを欧米の「反露」的政策の「犠牲者」として映し出す。ウクライナ出身で米ボール州立大学の歴史家セルゲイ・ジュクは、若い頃にモスクワに留学した米国のソ連・ロシア研究者にソ連ノスタルジーが見られることを指摘する。多くの研究者は、ロシアの問題点を批判的に探ることをやめ、ソ連崩壊という「屈辱」を経験したロシアに対する同情的アプローチが主流となった。欧米の色眼鏡をかけずにロシアを「ありのままに」理解しよう、というポストモダン的見方でもある。こうしたアプローチは、一九九〇年代からロシアで徐々に高まっていった帝国主義的傾向に目をつぶった。

ロシアがウクライナ侵略を開始した二〇一四年以降もこの傾向は続く。多くのロシア研究者はクレムリンのプロパガンダに迎合するかのように、ユーロマイダン革命以後のウクライナ・ナショナリズムを問題視する一方で、ウクライナの存在を否定するロシアの帝国主義的ナショナリズムの高まりを不問に付した。マルレーヌ・ラリュエル（仏）のように、プーチン政権とロシアの極右勢力は互いに距離を取り、プーチンはファシズム思想のイヴァン・イリイン（一八八頁）を引用はしても彼に陶酔しているわけではない、したがってプーチン体制を「ファシズム」と呼んで批判するのは的外れである、という主張まで現れた。二〇二二年九月末、プーチンは、破壊と殺戮の末に占領したウクライナ四州の「併合」演説の締めにイリインを「真の愛国者」と呼んで引用し、ロシア語のすばらしさ、ロシア民族の崇高な精神性や歴史的運命を強調し、ロシア国家は一〇〇〇年以上にわたり「偉大な精神的選択」を行ってきた、と述べた。

一方、ソ連崩壊でマルクス・レーニン主義を捨てたロシアの学者は、ロシアの対外行動をロシア独自の「文明」や「影響圏」の視点から説明するようになる。この者たちは、西側の理論ではロシアの行動は理解不可能であるとし、アンドレイ・ツィガンコフのように「ロシア的国際関係論」が必要であると主張する者までいる。しかし、その主張の問題は、クリミア併合は「NATOの東方拡大」がロシアを追い詰めた結果であるとプーチンと同じ議論を展開する一方、本章1で見たウクライナの主体性やクリミア併合以前のロシアの活発な内政干渉を無視するのである。このロシア的国際関係論は、ロシア独自の主権民主主義や主権インターネットの必要性を主張するクレムリンの操作の学術版である。

シンクタンクの海外浸透

「インフルエンス・エージェント」（一二二頁）で触れたとおり、ソ連・ロシアの対外政策関連のシンクタンクは、いずれも情報機関と密接な関係がある。先述のラリュエルの主張は、ロシアの『グローバル政治におけるロシア』誌で展開された。この疑似学術誌の編集長フョードル・ルキヤノフは、ヴァルダイ討論クラブの研究部長、外交防衛政策評議会（SVOP）の執行理事長やロシア国際問題評議会（RIAC）の理事も務めるが、政治学者というよりも、ソ連の国際プロパガンダ「モスクワラジオ」（現スプートニク）と米国の政治コンサルティング会社で経験を積んだ「スピンドクター」と呼ばれる世論操作専門家である。

驚くべきことに、KGBの中央機構には分析を担当する専門部署がなかった。分析情報部が設置されたのはソ連末期の一九八九年である（翌年、「分析局」に改組）。初代局長には第五局で反体制派の取り締まりに従事してきたヴァレリー・レベジェフが任命された。レベジェフは、ソ連崩壊後、ロシア正教会対外教会関係局（二一三頁）の顧問に就いた。また、最後にKGB分析局長を務めたウラジーミル・ルバノフは、GRU将校のヴィタリー・シュリコフ、当時ソ連科学アカデミー欧州研究所に所属していたセルゲイ・カラガノフらとロシアを代表するシンクタンクを設立した。それが、ルキヤノフがトップを務めるSVOPである。カラガノフは、旧ソ連諸国のロシア語話者の「同胞」を利用してモスクワの影響力を維持する戦略を提唱したことで知られるが、一九七〇年代にニューヨークのソ連国連代表部に研修生として派遣された経歴がKGBからの全幅の信頼を物語っている。

SVOP、RIACを含めロシアには複数の対外政策のシンクタンクがあるが、理事会はほぼ同じ専門家や情報機関の関係者で構成され（ルキヤノフは四つ、モスクワ国際関係大学学長アナトリー・トルクノフは六つのシンクタンクの理事会に名を連ねる）、本質的な論争や競争性はなく、クレムリンのナラティブを異なる専門家が異なる言葉で発信するだけである。このような実態にもかかわらず、政府と学界を切り離して考える欧米諸国は、これらシンクタンクに所属するロシア人専門家を「リベラル」や「非公式チャンネル」と呼んで重宝し、二〇一四年のロシアによる違法なクリミア併合後も国際会議に招待してきた。例えば、日本では二〇一五年に千葉市幕張で開催された国際中欧・東欧研究協議会世界大会の特別シンポジウムにはパネリストとしてルキヤノフが招待された（同じ大会の「元首相サミット」にはステパーシン初代FSB長官も招待された）。

ミハイル・フリードマン、ピョートル・アーヴェンのようなプーチンに近いオリガルヒは、これらロシアのシンクタンクを支援するとともに、影響力のある欧米のシンクタンクや大学へも慈善事業の名目で金をばらまいている。二〇一五年、アーヴェンは、米国人青年をロシア企業に派遣する研修事業などで米露関係への貢献が認められ、米ウィルソン・センターのケナン研究所からウッドロー・ウィルソン賞を授与された。皮肉にもこの一年前、同じウィルソン・センターで、著書『プーチンの泥棒政治（Putin's Kleptocracy）』を基に発表を行ったカレン・ダウィシャは、同著の中で一九九〇年代初期に対外経済相だったアーヴェンがサンクトペテルブルク市のプーチンの不正隠蔽に協力したことを指摘していた（八三頁）。モスクワ郊外でイノベーションセンター「スコルコボ」を運営するヴィクトル・ヴェクセルベルクは、米マサチューセッツ工科大学の交換留学生事業やケナン研究所との元外交官や学者による米露「フォート・ロス対話」を支援する。フリードマンやヴェクセルベルクとともに英石油大手BPと露チュメニ石油の合弁会社TNK-BPの乗っ取りに参加した投資家レオニード・ブラヴァトニクは英オックスフォード大学へ莫大な寄付をしてブラヴァトニク公共政策大学院を開設した。

二〇一六年の米国大統領選へのロシア介入疑惑を調査したロバート・モラー特別検察官の

報告書は、トランプ陣営とロシア政府関係者の間を仲介した人物として、過去にフランシス・フクヤマの「歴史の終わり」を掲載したこともある米国の代表的外交専門誌『ナショナル・インタレスト』の発行人ドミトリー・サイムズの名を挙げた。サイムズは、一九七〇年代にソ連から米国に移住して帰化し、ニクソン大統領の非公式顧問を務めたことでも知られる。ソ連が自国民に米国移住を許可するのは稀であり、サイムズが世界経済国際関係研究所に所属していたため、同研究所のプリマコフ所長が送ったKGBエージェントではないかとも疑われていた。サイムズは、モスクワ及びワシントンの政策コミュニティに持つ幅広いコネを利用して、民間の米露専門家による「トラックⅡ外交」を主導するだけでなく、二〇一六年四月にはトランプ大統領候補とセルゲイ・キスリャク駐米露大使の面談をアレンジした。その二ヵ月前、サイムズは訪露し、プーチン他政府高官と会談している。二〇一七年、サイムズは、ケナン研究所のマシュー・ロヤンスキー所長とともに、モスクワを訪問してラブロフ外相らと会談し、帰国後にモスクワのメッセンジャーとしてトランプ・プーチン会談の実現や、対露制裁の段階的解除への期待を米国関係者に伝達した。しかし、二〇一八年、米国でロシア人「留学生」マリヤ・ブティナがスパイ容疑で逮捕されると、ブティナを米国政府関係者に紹介したサイムズは一時期モスクワに逃亡し、ニコノフ・ロシア世界基金会長とともにロシアの第一チャンネルのプロパガンダ・ショー「ビッグ・ゲーム」の司会者となった。

カーネギー・モスクワセンターの末路

当初はロシアの政権に批判的だったシンクタンクも変貌した。権威あるカーネギー・モスクワセンターは、一九九四年に米国のカーネギー国際平和基金がモスクワに設置したシンクタンクである。ソ連崩壊後のロシアの民主化の知的拠点となることが期待され、中東欧地域のシンクタンク・ランキングでは常に上位にあった。歴代の所長は米国人が務めたが、二〇〇八年に英語が堪能で欧米の考えを熟知したドミトリー・トレーニンが所長に抜擢される。しかし、トレーニンは、二〇年間ソ連軍に勤めたGRUの大佐であった。二〇一二年の大規模反政府デモ以降、トレーニンは、クレムリンが神経を尖らせる内政のテーマを扱わないことに決めた。

二〇一四年二月、トレーニンは、ニューヨークタイムズ紙に「なぜロシアは介入しないか」という論評を載せ、ロシアは隣国での内戦を望まないのでウクライナ南部や東部を併合することはない、と主張した（それからひと月も経たないうちにロシアはクリミアを併合し、さらにウクライナ東部に軍事介入した）。さらに、トレーニンは、ロシアがウクライナに押しつけようとした「連邦化」という名の主権侵害について、「実際にはウクライナの一体性を助けるものである」と述べ、ロシア政府の立場を欧米に受け入れやすいように言い換えて正当化した。

二〇一四年夏には、米国のカーネギー国際平和基金幹部が、ロシアのアレクサンドル・ディンキン世界経済国際関係研究所所長、ヴャチェスラフ・トゥルブニコフ元ロシア対外諜報庁（SVR）長官、アレクセイ・アルバトフIMEMO安全保障センター所長（KGBエージェントのゲオルギー・アルバトフの息子）らと、フィンランドのボイスト島に秘密裡に集い、ウクライナの関係者を招かずにウクライナ問題を議論し、結果的にロシアの偽情報に沿った提言を発表した。このボイスト会議を批判したリリヤ・シェフツォヴァはカーネギー・モスクワセンターを解雇された。同様にマリヤ・リップマンも、二〇一四年夏に人員整理を理由にカーネギー・モスクワセンターを突如解雇された。トレーニンはこれら体制に批判的だった専門家を政権に従順な者に置き換え、米国が支援したカーネギー・モスクワセンターは事実上クレムリンに乗っ取られた。二〇一五年にロシアが外国NGOの取り締まりのために発効させた「望ましくない組織」法の対象リストに、ジョージ・ソロスのオープン・ソサエティ財団、全米民主主義基金、フリーダムハウス等は入ったが、カーネギー・モスクワセンターが入らなかったことは象徴的である。

終章　全面侵攻後のロシア

二〇二二年二月二一日、前年からウクライナ国境に部隊を集結させていたロシアが「ドネツク／ルガンスク人民共和国」の「独立」を承認したことは、モスクワが八年以上追求してきた「トロイの木馬」戦術を大きく転換したことを意味した。ウクライナ全体をロシアの「影響圏」に引き留めるという戦略は変わらないので、その三日後、ウクライナ政府の転覆と傀儡政権の樹立を目指し、全面侵攻を開始したのは、自然な流れである。それからの展開は、日本でも大きく報じられているとおりであるが、本章ではウクライナ全面侵攻後のロシアが中長期的に向かいうる方向性と日本を含む西側の対応について考えてみたい。

ソ連に回帰したロシア

まず、すでに観察されるようになった変化を指摘したい。

第一に、ロシア社会は、ペレストロイカ以前のソ連に回帰した。例えば、形式的に残されていたほとんどの非政府系メディアは閉鎖に追い込まれた。侵攻に抗議する者への弾圧もなりふり構わなくなった。二〇二二年七月には、外国エージェント法（八九頁）が改正され、資金提供に限らず、「外国の影響を受ける」者であれば誰でも「外国エージェント」に指定して取り締まりができるようになった。また、禁輸措置と外国企業の相次ぐ撤退の中、ロシアは戦争継続に必要な軍需産業を維持するため、戦時経済体制に切り替え、ソ連時代の計画経済の要素を復活させつつある。

第二に、ソ連全体主義の伝統を受け継ぐロシア連邦保安庁（FSB）は、国内秩序の維持と戦争の継続にこれまで以上に重要な役割を果たす。「世界二位」の軍事大国と言われたロシアは、米英政府の推定ではわずか一年間で最大二〇万人に及ぶ死傷兵を出し（二〇二一年までの二〇年間アフガニスタンに駐留した米軍の死傷者数の八倍に当たる）、大量の兵器を失い、その威信は名実ともに地に墜ちた。この歴史的な敗北やロシア経済への未曽有の制裁に対し、政治・軍・経済エリートは潜在的な不満を募らせる。これを監視するのは、「盾と剣」として体制を守るFSBである。二月以降、軍事作戦失敗の責任をとらされ、ロシア軍の将軍八名以上が解任されたのに対し、電撃作戦によるウクライナの政権転覆計画を立案、推進したといわれるＦＳＢの幹部が更迭されたという情報はない（二〇二三年四月現在）。

第三に、プーチンを筆頭とするチェキストの対外防諜的思考パターンは、体制に対する不満や国内の脅威を海外の「反ロシア」勢力に結び付ける。ここ数年、ＦＳＢは、ジョージアなどの海外のロシア人コミュニティへのエージェント浸透に力を入れてきたが、全面侵攻後のロシア人知識層の大規模な国外流出でこの傾向が一層強まるだろう。ＦＳＢは、亡命ロシア人組織がＣＩＡの尖兵として「カラー革命」をロシアに持ち込むことを警戒し、これらの組織に対してこれまで以上に浸透を試みる。二〇二三年一月、メドベージェフ国家安全保障会議副議長は、海外で反体制活動を行うロシア人を「裏切り者」と呼び、「戦時下のルールに従い」暗殺部隊を送ることを示唆した。この任務を遂行する部隊はＦＳＢやＧＲＵ（軍参謀本部の諜報機関）に複数ある。

第四に、日本を含む西側諸国から外交官カバーの対外諜報員が大量に追放された結果、偽造旅券を使うなどしてロシアとの関係を消した「イリーガル」諜報員の活動が活発化している。二〇二二年九月にリトアニアで開催されたＥＵ支援のハイブリッド戦研修に参加していたブラジル旅券を持つノルウェー・トロムソ大学研究者「ホセ・アシス・ジャンマリア」がノルウェー当局によって逮捕されるという事件があった。この研究者の正体は、偽の肩書（レジェンド）を使ったＧＲＵ将校ミハイル・ミクシンであった。次世代の養成のため、イリーガルがロシアで最も「崇高な」職業であるというイメージ作りも始まっている。イリーガルは引退後もその活動が秘密にされるのが普通だが、二〇二一年一月、ナルイシキン対外課報庁（SVR）長官は記者会見で元イリーガル七名の実名を公表し、ロシアの英雄として称えた。また、SVRの広報誌などでイリーガル特集が組まれることも多くなった。

第五に、海外のロシア大使館のSVR駐在所の活動縮小を補うため、イリーガルの活用に加え、ロシアを訪問する外国人を利用するFSB地域局の「ロシア領からの諜報」が増加するだろう。ウクライナ全面侵攻を受けて停止された政治対話やビジネスとは対照的に、引き続き学術・文化交流等でロシアを訪問する民間人（学生含む）の中でFSBにとって価値を持ちうる者は自然とこのターゲットになる。

クーデターは起こるのか？

では中期的に見て、反プーチンのクーデターは起こりうるのか？

プーチンの「特別軍事作戦」への不満が鬱積する軍人（ロシア軍、内務省部隊等）が何よりも恐れるのは、FSBの軍防課部やM局による監視である（九六頁）。FSBは、出向職員を通して他のシロビキの内部の動向に目を光らせるため、プーチンがどれだけ無謀な政策をとろうとも、政治指導部に不満を持つシロビキが蜂起するのは難しい。また、「民間軍事会社」ワグナーのプリゴジンやチェチェン首長ラムザン・カディロフが、ショイグー国防相やヴァレリー・ゲラシモフ参謀総長を批判しているが、いずれも最高司令官のプーチンに不満を向けているわけではない。スケープゴートを探しているだけだろう。

FSBがプーチンを裏切る可能性はないのか？　ロシアの指導者は用心深い。かつてソ連共産党書記長ブレジネフは、最大の信頼を寄せていた側近のアンドロポフをKGB議長に任命し、内外の不穏な動きを直接報告させたが、それと同時にKGBの副議長二人に別々にアンドロポフの挙動を報告させ、アンドロポフによる裏切りがないようにも目を光らせた。プーチンも同様に、ボルトニコフFSB長官だけでなく、FSBの各部局長から直接報告を受けているといわれる。このような体制は、プーチンへのアクセスをめぐり、FSB内のグループ間の熾烈な競争と謀略につながっている。FSBとて一枚岩ではなく、プーチン個人が直接これを分割統治するのである。

プーチン後の可能性

とはいえ、プーチンも人間である以上は寿命があり、いつかその支配には終わりが来る。FSB体制を作り上げた独裁者が去った後のロシアはどうなるのか。また、西側はこれにどう対応すべきなのか。

第一に、一九五〇年代、大粛清を行ったスターリンという「巨悪」の死去後、ソ連はフルシチョフの下で非スターリン化に舵を切った。だが、その内実はスターリン個人に罪を着せ、スターリン体制の実行部隊であった保安機関は温存するものだった（一四頁）。このとき西側のリベラルは、「雪どけ」の雰囲気の下でスターリン体制の終焉を全体主義の終焉と見て、ソ連に対しそれまでとは異なる、「オルタナティブ」な説明を試みるようになる。例を挙げればソ連内部の利益団体、地方の党政治、企業経営、民族などの問題に関して、西側の思考に照らした合理的な枠組みでスターリン以後のソ連を説明しようとしたのである。このような新しいアプローチの下で西側には存在しない秘密警察（KGB）への関心は薄れていった。しかし、皮肉にも西側研究者がソ連に「多元性」を探し求めたブレジネフ期にアンドロポフKGB議長が政治局員に就任し、KGBは政治的復権を果たしたのである。

プーチンの後継者には、保安機関を経験したチェキスト（いつも履歴書には書かれているとは限らない）が就任する可能性が高い。その一方で、西側諸国にはいずれウクライナ支援の疲れが生じるだろう。そうしたムードを反映する西側諸国の選挙によるリーダーの交替を見つつ、ロシアは、全面侵攻に一旦区切りをつけ、制裁解除を求める可能性がある。この場合、ポスト・プーチンの後継者あるいはその最側近には欧米受けする「リベラルな顔」を置くだろう。しかし、少し振り返れば、プーチンは「義理堅い」柔道家であったし、二〇〇八年から四年間、プーチンに代わり大統領を務めたメドベージェフは、当初、ディープパープル、レッドツェッペリンなど西側のロック音楽が好きな「リベラル派」としてもてはやされた。ところが、メドベージェフは、今や核による恫喝やウクライナ人の「抹消」など最も過激な発言を繰り返している。ましてや、プーチンの行動に、柔道の精神を見出すことは不可能だろう。

一〇〇年以上続く保安機関

二〇二二年一二月は、ソビエト連邦の創設から一〇〇年目、その巨大国家の消滅から三一年目に当たった。しかし、リーダーがレーニンからプーチンまで交替する間にも、一貫して今日まで存在を続けるのは、チェーカーからFSBまで脈々と続く保安機関である。体制を護持するこの機構そのものが廃止されない限り、たとえ指導者が替わっても、ロシアに本質な変化は期待できないだろう。「民主化」のヒーローとして現れたエリツィン初代ロシア大統領ですら、モスクワ市党委員会第一書記時代から付き合いのあったKGBに取り込まれていたのである。

歴史的に見てロシアという国家には、人権という概念は希薄であり、広大な国家をまとめるためには強力な保安機関が必要だ、という論者もいる。もし仮にソ連崩壊後に保安機関を廃止していれば、一九九〇年代に台頭したマフィアやテロ組織、汚職の蔓延を誰が取り締まったのか、保安機関はロシアの安定にとって必要悪だったのだ、という議論である。しかし、この種の議論は因果関係を事実とは逆に解釈している。本書で見たとおり、ソ連末期にKGBは自己保存のため、ソ連議員に対し、組織犯罪、麻薬売買、テロ等の抜き差しならぬ脅威を強調した。しかし、現実は、プーチンのサンクトペテルブルク市のように犯罪世界を牛耳っていたのはFSBであり、一九九〇年代末に「チェチェン人によるテロ」を自作自演したのもFSBである。FSBの防諜が、警察や軍の汚職を取り締まっている、というのは建前に過ぎない。FSBの関連部局も、所管するビジネスからみかじめ料を徴収している。ウクライナ全面侵攻で明らかになったロシア軍内部の食料や装備の横流しは、FSB軍防諜が喧伝している汚職対策がまったく機能せず、逆にFSBの汚職関与を示唆する。

ロシアの崩壊？　分裂？

多くの帝国は、敗戦の後に崩壊している。そのような意味で、ウクライナで完全な敗北を喫した場合、ロシア連邦が分裂するのではないかという見方もある。ウクライナ全面侵攻では、モスクワやサンクトペテルブルクといった都市ではなく、地方の非ロシア人の動員・死亡率が明らかに高い。不満を蓄積させる地方にモスクワからの自立を求める遠心的な政治的動きが現れても不思議ではない。実際、ロシアがほとんど属国扱いしてきた「格下」のウクライナに軍事的敗北を喫したという事実に直面して、これまでモスクワに従順であったカザフスタンやアルメニアといった集団安全保障条約（CSTO）加盟国ですら、ロシアと距離を取り、モスクワの思い通りには動かなくなってきている。こうした旧ソ連諸国でのロシアの威信低下と遠心化傾向は、ロシア国内のチェチェン、タタールスタン等のロシア民族以外の共和国や歳入の多い裕福な州に波及するかもしれない。しかし、ロシアは国名に「連邦」

とつくものの、プーチン政権下で全権限がモスクワに集中する極めて垂直的な権力構造の中央集権国家である。モスクワと直接つながる連邦管区大統領全権やFSB地方局が全土を監視し、不穏な動きは懐柔または鎮圧されるだろう。したがって今後ありうるのは、地方の蜂起よりも、プーチンの後継者をめぐる側近間での権力闘争や粛清であろう（こうした中央の権力闘争が地方を巻き込む可能性はある）。

ただ、ロシアの崩壊や分裂の可能性をめぐる言説（ナラティブ）が西側の対露政策に及ぼしうる影響には注意する必要がある。ソ連崩壊の五ヵ月前の一九九一年八月、ブッシュ（父）米国大統領はキーウを訪問し、のちに「チキンキエフ・スピーチ」（ウクライナ料理の「チキンキエフ」と英語で臆病者を意味する「チキン」をかけている）と揶揄される演説を行った。その中で、ブッシュ大統領は、ソ連大統領ゴルバチョフの漸進的改革とソ連邦維持へ向けた努力を称賛する一方、ウクライナを含むソ連の構成共和国の独立へ向けた動きを「民族憎悪に基づく自殺的なナショナリズム」と表現して牽制した。ブッシュを含む西側の指導者は、核大国の崩壊がもたらしうる混乱を危惧したのである。しかし、ブッシュの評価は、結果的に誤っていた。ソ連は平和裡に解体されたのである。これと同じ心理は、侵略国ロシアに対するウクライナの勝利を否定したり、ロシアによるエスカレーションを恐れてプーチンの顔を立てようとしたりする西側の一部の世論に見られる。しかし、この者たちは、ソ連崩壊前夜、バルト諸国等の民主化運動に対する西側の関与や支援を牽制するためにKGBが拡散させたナラティブを想起する必要がある。一九九〇年九月五日にKGB議長は次のような指令を出した。

西側の政府や政治エリート、有力な移民グループに対し、ソビエト連邦及びその国家としての解体への冒険主義的な投機が、現代の国際関係の破綻と予想不可能な事態につながりうる……と信じさせることが重要である。

二〇二三年一月にメドベージェフとキリル総主教が、ロシアが敗北すれば核戦争が起こる、世界の終わりが訪れる、という終末論的なメッセージを揃って発信したのは、この文脈で理解する必要がある。

高まる中国依存

欧州を追われたロシアが向かう先は、かつての「第三世界」、近年「グローバルサウス」と呼ばれるようになったアジア、アフリカ、中南米である。特に二〇一四年以降、一貫して強化の傾向にあった中国との戦略的パートナーシップ関係は、両国の非対称性がさらに拡大し、ロシアは中国依存を一層強めることになる。

ロシアによるクリミア併合後、日本では、ヴァルダイ討論クラブのメンバーや「プーチンさんが大統領に当選して初めて会った外国の政治家」を自任する鈴木宗男（現・日本維新の会所属の参議院議員）のグループが、「中露同盟」は日本にとって悪夢であり、ロシアを中国の方に追いやらないためにも、欧米の対露制裁から距離を置き、北方領土問題交渉も見据えて日露関係を強化すべきとの主張を展開した。多くの中国専門家は「中露同盟」説を懐疑的に受け止めたが、ロシアロビーの働きかけでこのナラティブは安倍政権の対露外交の基本認識となり、多くの対露融和策へとつながった。二〇一六年には政府主導の大規模な対露経済協力計画「八項目」まで立ち上げられた。

たしかに中露は合同演習など軍事協力を活発化している。しかし、それは情報機関の協力と同義ではない。中ソの同盟関係が蜜月であった一九五〇年代、モスクワは、毛沢東の要請を受けて、友好の印として中国国内に展開していたソ連エージェント網を中国側に引き渡した（中国の保安機関はこれらソ連エージェントを再徴募または処刑したと言われる）。これはモスクワが犯した大きな過ちであった。一九六〇年代に中ソ論争が起こり、両国間の戦争（国境紛争）へと発展したとき、KGBは「敵国」となった中国に対して有効な諜報・防諜手段を欠く厳しい事態に直面した。モスクワはこの教訓を忘れることはないだろう。また、中国はロシアに対して科学技術諜報を展開しており、FSBはたびたび「中国のスパイ」を検挙している。表向き演出される「制限のない」友好とは裏腹に、中露間には根深い不信があるのだ。

ウクライナ全面侵攻後、中国は欧米民主陣営に対抗する観点から国際場裡で政治的にロシアを支持しつつも、ロシアに対する露骨な軍事支援は控えている。一方、中国は人口・財源が縮小を続けるロシア極東地域や、ウクライナ全面侵攻後モスクワから距離を取りつつある「ロシアの裏庭」中央アジア諸国で着実にプレゼンスを高めており、これらの地域で中露関係は緊張を孕みうる。中国が自国の利益の観点からロシアとどのような関係を築いていくのか。ロシアの将来を考える際、中国はこれまで以上に重要かつ無視できない変数となる。

相互依存アプローチの失敗

ソ連崩壊後の欧米諸国は、協力、関与、対話を通じたロシアの行動変容に期待した。ドイツは、ロシアとの間で天然ガスのパイプライン「ノルドストリーム」を敷設してエネルギー協力を推進した。また、ロシアと国境を接するバルト諸国、ポーランド、フィンランドなどもロシアとの間で貿易関係だけでなく、国境を越えた地域間での社会・経済・環境分野での協力を進めた。これは、さまざまな分野での「相互依存」の深化が安定に貢献し、人々の交流や対話を通して相手側に肯定的変化がもたらされるというリベラル的な思考に基づいていた。

また、日本を含む民主主義陣営のG7（先進七ヵ国首脳会議）は、一九九七年にロシアを正式にメンバーとして迎え入れ、国際場裡での協力を促す「関与」政策をとった。また、同年、NATOとロシアは基本文書に合意し、互いを敵とみなさず相互信頼と協力を通して、小国の主権を制限するような「影響圏」を作らずに欧州に安全と安定を築くこと、全ての国の主権、独立及び領土一体性を尊重し、またそれぞれの国が自国の安全保障の手段を選択する権利を持っていることを確認した（さらに二〇〇二年にはNATO・ロシア理事会が設立された）。EUや欧州安全保障協力機構（OSCE）もロシアを欧州のパートナーとして受け入れ、協力や信頼醸成のための多くの取り組みがなされた。この欧州のポスト冷戦の秩序に対する挑戦が二〇〇八年のロシアによるジョージア侵攻であった。それでも、翌年に誕生したオバマ政権は米露関係を「リセット」してロシアとの対話再開を試みた。

しかし、ロシアの行動変容を促すという意味では、これらの試みはいずれも失敗した。「相互依存」は、不法行為を行っても経済的損失を恐れる相手は強い制裁に踏み切れないという誤った確信をロシアに与え（例えば二〇一四年のクリミア併合から二〇二二年のウクライナ全面侵攻までのドイツの対応が良い例である）、G7の「関与」政策はロシア国内の動きに目をつぶり、プーチン政権下の民主化後退に時間的余裕を与えた。米国の「リセット」は、旧ソ連地域に覇権を拡大しようとするロシアの「影響圏」思想に間接的にお墨付きを与えた。

二〇二二年二月にロシアがウクライナに全面侵攻し、ロシア国民の八割がプーチンを支持したとき、欧米諸国や日本が最後まで抱き続けた希望的観測に終止符が打たれた。将来のロシアとの関係を考える際、高い代償を払うことになったこの三〇年間の教訓を忘れてはならないだろう。

「手口」を知る

ロシアは、ウクライナ全面侵攻以降もアクティブメジャーズを対外政策の主要な手段とする方針を変えていない。二〇二二年一〇月、EU加盟を目指すモルドバに対して、FSBが同国内での政権交代を目論んでいたことがワシントンポスト紙に暴露された。

しかし、ロシア情報機関の工作の効果には大きな疑問符がつく。二〇一三年の対ウクライナ「包括措置」は、「兄弟国家」ウクライナを欧州から引き離すどころか、欧州との統合へ向かうことを後押しする結果となった。もっとも、成功を収めている工作は暴露していないため、この失敗例だけをとってロシアの工作の効果が低いと結論づけることはできない。しかし、FSB内部での汚職利権をめぐる争いやエージェントによる工作資金の横流しなど、綻びも指摘されている。

ロシア情報機関の偽装の手法も完璧とは程遠い。ソ連崩壊後もロシアが続けた外国人のリクルートや先端科学技術の違法な取得の試みは、日本を含む各国の防諜機関によって監視され、たびたび摘発されてきた（日本では警察白書で「対日有害活動」と呼ばれている）。近年は、民間の調査ジャーナリズムやサイバー空間のOSINT（公開情報分析）の発達により、ロシアが諸外国で展開するアクティブメジャーズや、二〇二〇年のナワリヌイ暗殺未遂のように国内オペレーションの詳細まで暴露されるようになった。

本書が解説したように、「防諜国家」は体制維持のため、情報機関があらゆる面に介入、浸透し、国家と社会を内部から統制する。しかし誤解してはならないのは、ソ連時代ですらエージェントは人口比の〇・一％程度であり、大部分のロシア人は自らが被害者となるまでは情報機関の存在をほとんど意識せずに生活していることである。ましてや一般の外国人が、ロシアの諜報員に接することは稀であろう。

しかし、スパイとは異なるインフルエンス・エージェントは、言論の自由が保障された民主主義国家で何の制限も受けずに活動している。黒幕の特定が難しいサイバー空間での世論操作も同様である。これらから身を守るためには、まずその「modus operandi」（典型的な手口）を知ることが重要だ。米国のインテリジェンス・コミュニティは、二〇一六年の米国大統領選後や二〇二二年のウクライナ全面侵攻前に、異例ともいえる情報公開を行い、ロシアの偽情報を暴露して自国民や国際社会に対し注意を喚起した。無知はそのまま脆弱性となる。事前に手口を知ることは、ウィルスに対する免疫力を養うことに等しいのである。

本書は、ロシア情報機関の手口を網羅するものではない。しかし、少なくとも読者の知る努力の第一歩となることを願ってここに筆を擱く。

あとがき

本書は、なによりも自分のために書かれた。私は二〇〇〇年頃、モスクワに一年間留学した。まだ、二〇歳だった私はロシアでの体験に感化されて「ロシアかぶれ」となって帰国した。その後、二〇〇二年にはウラジオストクとハバロフスクの学生三六名を東京と新潟に招待して日ロ学生会議を開催した（このとき、当時外務省の主任分析官だった佐藤優氏に相談に乗って頂いたことを記憶している）。大学卒業後、私は日本政府の対ロシア支援関連の仕事に就き、モスクワやウラジオストクを訪問する度に「両国民の友好のために」乾杯した。また、二〇〇六年、プーチン大統領がブッシュ（子）米大統領に面と向かって「ロシアにはイラクのような民主主義は要らない」と言ったことに、ソーシャルメディアへの投稿で拍手喝采《かっさい》した。まさに、プーチンに心酔していたのである。だから、プーチンやロシアに魅せられる人々の心情は手に取るようによくわかる。

　二〇一四年、私は、ロシア語やロシア政治・文化を教える教師、有識者たちが、ロシアの違法なクリミア併合を、正当化こそしないが、ロシア側から見た歴史・文化的視点、危険なウクライナ民族主義の台頭、欧米諸国の「偽善」を持ちだして、これを必死に相対化しようとする姿を見て違和感を持った。その年の一二月、私は一週間の休暇をもらい、ウクライナ西部のリヴィウに旅行し、少しだけウクライナ語を学んだ。かつての偉人たちが眠るリチャキウ墓地に立ち寄った際、ロシア軍の侵攻を食い止めるため東部戦線で戦死した兵士たちの区画を見つけた。たくさんの花束やウクライナ国旗が供えられてはいるが、土を盛っただけの墓は生々しく、風雨で崩れ始めていた。雨の中、一組の夫婦が戦死した二六歳の息子の墓を整えに訪れていた。泣き腫らしたまぶたの母は独りごとのように言った。「息子は、最後に電話をくれたとき、路上に転がるロシア兵の遺体を『不憫だ』と、私に言ったのよ。そんな心優しい息子が……」。また、翌年春には、在日ウクライナ人の知人から、ウクライナ軍に志願したマリウポリ在住の弟（ロシア語話者）がドネツク近郊で戦死したと知らされた。それは、ロシアメディアや日本の一部の専門家が語る、東部のロシア系を「懲罰」する西部のウクライナ民族主義者が起こした「内戦」ではなく、ロシアの侵攻から国を守る、東西は関係ないウクライナ国民の姿であった。

執筆する過程で常に私の頭の中にあったのは、政治であれ、文化であれ、ロシアに関心を持つ若者である。現代ロシアの体制の罠にかからないためには、まず己の分析から始めねばならない。ロシア文学への偏愛、「マスコミが報道しない」真のロシアを探究しようとする好奇心、あるいは、「米国が作り出した」不平等な国際社会に対する不満、ロシア文書館の非公開史料にアクセスできる優越感、政府高官や専門家に独占インタビューしてスクープ記事を書きたい欲求、などである。本書で取り上げたとおり、ロシアに関心を持つ外国人の特徴は、KGB／FSBが誰よりもよく研究している。

まえがきにも書いたとおり、ソ連崩壊後三〇年間の情報や交流の自由化が我々のロシア理解を向上させたかといえば、必ずしもそうではないだろう。「偏見を捨て、実際に行ってみて自分の目で見てたしかめたらよい」という現地情報へのアクセス推奨は、民主主義国には通じても、ソ連／ロシアでは「ポチョムキン村」や「ヴァルダイ討論クラブ」の罠にかかる可能性が高い。同様に、情報の信憑性を確認するためになるべく複数の情報源に当たるべきというメディア・リテラシーの一般的助言も、多くのサイトがクレムリンのテーマ集でニュースを作り、ほとんどの現地専門家が裏で体制と手を握っているロシアでは、役に立たないどころか、確証バイアスを強めるだけである。大学ではロシアの公式な政治・社会制度は教えても、アクティブメジャーズや偽情報、政治技術を始めとした現代ロシアの理解に必須な知識体系は教えてくれない。意図せずソ連に利用された外国人を揶揄した「useful idiot（役に立つ馬鹿）」や「fellow traveler（同調者）」などの言葉が近年再び使われているように、免疫（予備知識）を持たない状態でロシアの研究やビジネスに取り組む若者が行き着く先はだいたい相場が決まっている。

本書の視座は、多くの研究者がロシアを通してウクライナを見てきたのとは逆である。ロシアによる侵略・抑圧を経験した国は、ジョージア、バルト三国など他にもあるが、「兄弟民族」のスローガンの下で数世紀にわたり併合・同化政策を押しつけてきたロシアに対し、激しく抵抗し、独立運動を繰り広げてきたウクライナ（人）は、ロシアという国や人々を最も肌身で知っている。逆に、ロシアはウクライナのことをほとんど知らない。二〇一四年、ウクライナの歴史家ヤロスラフ・フリツァークは、ロシアでの「ウクライナ研究」の状況について、「学部、授業、論文の数からして、ロシア人文学のメンタルマップでウクライナはメキシコかマダガスカルあたり」と皮肉った。なんら誇張はない。実際、体制と一体化したロシアの学界は、ウクライナを別個の研究対象として見ていない。

この基本的な考えは、本書の情報源にも反映されている。ロシアでは、KGBやその後継機関の活動について、アーカイブが封鎖されている（正確に言うと、FSBの御用学者のみが選択的に利用できる）。しかし、ウクライナでは旧KGBアーカイブが全面公開され、外国人研究者も自由にアクセスすることができる。また、ロシアのプロパガンダやフェイクニュースの分析にいち早く取り組んだのは、キーウ・モヒーラ・アカデミー国立大学ジャーナリスト学校の有志が立ち上げた「ストップ・フェイク！」だった。ロシア軍に関する公開情報調査（OSINT）は、英国発のベリングキャットよりも、ウクライナのボランティア組織インフォルム・ナパームが先であった。ロシアのウクライナ侵攻に関与するロシア政府や協力者の電子メールの公開にはウクライナのハッカーが活躍した。ロシアの歴史プロパガンダや、文化交流に偽装した「ロシア世界」の実態についてもウクライナには長年の研究成果がある。

本書は、従来のロシア研究がほとんど顧みなかったキーウ発の情報源から恩恵を得ている。

二〇二二年二月二四日、学生時代に大変お世話になった日本のロシア語学の恩師から、「ロシア軍は軍備施設とインフラを精巧なメカで攻撃しており、民間施設や家屋などの標的は極端に避ける戦術」をとっているから私が暮らしていたキーウは心配には及ばないという趣旨のメールをもらった。だが、その数日後、借りていたキーウのアパートの階段や隣人宅の窓に弾丸か砲弾破片が命中した（私の家族は既に避難していて無事だった）。私はこのメールにどう返事してよいか分からなかった。このやり取りを最後に、先生は亡くなった。ソ連留学から帰国後に苦労されて自分の道を切り拓き、親身になって教え子の相談に乗る方だった。自分の知識や技術を惜しみなく他人と共有し、ここ数年は病床にあったが、後進のためにコツコツと本を執筆されていた。亡くなる数年前に「ウクライナにどっぷり浸かると、段々客観性を失うから気をつけなければならない」と助言をくれた先生は、きっと本書に最も厳しい批評をくれたことだろう。

本書は私がお世話になってきた先生方や先人、これを読む若い学生たちとの対話でもある。本書を上梓するにあたり、これまで研究や職場などでご指導や激励をいただいた多くの方々に心より謝意を表したい。

また、中公新書編集部の工藤尚彦氏は、私が月刊『中央公論』へ寄稿していたときから一連の問題の重要性を理解し、本書が完成に漕ぎ付けるまで根気強く支援してくれた。私の駄文をきれいに校正してくれた福井章人氏、細かい修正のお願いに対応してくれた地図・図表のデザイナーの方々にもお礼を申し上げる。

とはいえ、本書の不備は全て筆者である私に帰すことは言うまでもない。トピックが諜報機関であるため、十分に調べきれなかった箇所もある。チェキストのモットーは「クリエイティブになれ」である。手法が陳腐化されれば、次の新しい手法が生み出される。今後明らかにされたり、修正が必要となる部分もあるだろう。いずれにせよ、これらについては将来の読者の批判を仰ぐことにしたい。

二〇二三年四月

保坂三四郎

'Detachment' Strategy." International Centre for Defence and Security / Estonian Foreign Policy Institute, 2021.
Hosaka, Sanshiro. "Putin's Counterintelligence State: The FSB's Penetration of State and Society and Its Implications for Post-24 February Russia." International Centre for Defence and Security, December 2022.
保坂三四郎「プーチン・ロシアでクーデターは起こるか?:『国家の中の国家』FSBによる浸透・統治とは」『中央公論』、2022年5月号。
保坂三四郎「ウクライナ全面侵攻水面下の諜報・防諜戦:ロシア・ウクライナそれぞれの失敗と教訓」『Cyber Sphere = サイバースフィア』第5巻、2022年10月。

【KGB事典、教本、雑誌、文書】
Kontrrazvedyvatel'nyi slovar'. Moscow: Vysshaya krasnoznamennaya shkola Komiteta gosudarstvennoi bezopasnosti pri Sovete ministrov SSSR im F.E.Dzerzhinskogo, 1972.
Mitrokhin, Vasili. *KGB Lexicon: The Soviet Intelligence Officers Handbook*. Abingdon: Taylor & Francis Group, 2002.
自由ロシア財団が公開したKGBの各種訓練教本:https://www.4freerussia.org/29-kgb-manuals/
リトアニア・ジェノサイド抵抗研究センターが公開したKGBの内部雑誌・教本:https://www.kgbdocuments.eu/kgb-journals-and-books/
ブコフスキー・アーカイブ:https://bukovsky-archive.com/

【ウェブサイト】
Mozohin.ru:https://shieldandsword.mozohin.ru
agentura.ru:https://agentura.ru
Dossier center:https://dossier.center/

ナショナリズムの台頭』NHK出版、2016年。
ティモシー・スナイダー著、池田年穂訳『自由なき世界――フェイクデモクラシーと新たなファシズム　上』慶應義塾大学出版会、2020年。

【第６章　ロシア・ウクライナ戦争】

Bertelsen, Olga. "Russian Front Organizations and Western Academia." *International Journal of Intelligence and CounterIntelligence* (2023).
Hosaka, Sanshiro. "The Kremlin's Active Measures Failed in 2013: That's When Russia Remembered Its Last Resort—Crimea." *Demokratizatsiya* 26, no. 3 (2018).
Hosaka, Sanshiro. "Putin the 'Peacemaker'?—Russian Reflexive Control During the 2014 August Invasion of Ukraine." *The Journal of Slavic Military Studies* 32, no. 3 (2019).
Hosaka, Sanshiro. "Welcome to Surkov's Theater: Russian Political Technology in the Donbas War." *Nationalities Papers* 47, no. 5 (2019).
Hosaka, Sanshiro. "Japanese Scholars on the 'Ukraine Crisis' (2014-15): Russia-Centered Ontology, Aversion to Western Mainstream and Vulnerabilities to Disinformation." In *Russian Disinformation and Western Scholarship*, edited by Taras Kuzio and Julie Fedor, Stuttgart: ibidem-Verlag, 2023.
Kirchick, James. "How a U.S. Think Tank Fell for Putin." *The Daily Beast*, July 27, 2015.
Kulyk, Volodymyr. "Western Scholarship on the 'Donbas Conflict': Naming, Framing, and Implications." *PONARS Eurasia*, December 16, 2019.
Kuzio, Taras. *Crisis in Russian Studies? :Nationalism (Imperialism), Racism and War.* Bristol, England: E-International Relations Publishing, 2020.
Kuzio, Taras, and Paul D'Anieri. *The Sources of Russia's Great Power Politics: Ukraine and the Challenge to the European Order*. Bristol, England: E-International Relations, 2018.
Smagliy, Kateryna. "Hybrid Analytica: Pro-Kremlin Expert Propaganda in Moscow, Europe and the U.S.: A Case Study on Think Tanks and Universities." The Institute of Modern Russia, 2018.
Zhuk, Sergei. I. "Ukrainian Maidan as the Last Anti-Soviet Revolution, or the Methodological Dangers of Soviet Nostalgia (Notes of an American Ukrainian Historian from Inside the Field of Russian Studies in the United States)." *Ab Imperio*, no. 3 (2014).

【終章　全面侵攻後のロシア】

Hosaka, Sanshiro. "China-Russia 'Alliance': Lessons from Japan's Failed

Hornsby, Robert. "The Post-Stalin Komsomol and the Soviet Fight for Third World Youth." *Cold War History* 16, no. 1 (2016).

Juurvee, Ivo, and Mariita Mattiisen. *The Bronze Soldier Crisis of 2007: Revisiting an Early Case of Hybrid Conflict*. Tallinn: International Centre for Defence and Security, 2020.

Leszkiewicz, Andrzej, and Andrii Luchkov. "PUTINYUHEND: Dity dlya rosiys'koi viiny." InformNapalm, May 2019.

Lutsevych, Orysia. *Agents of the Russian World: Proxy Groups in the Contested Neighbourhood.* London: Chatham House, 2016.

Odintsov, M. I. *Russkaya pravoslavnaya tserkov' nakanune i v epokhu stalinskogo sotsializma. 1917-1953 gg.* Moscow: Politicheskaya entsiklopediya, 2014.

Primachenko, Yana. "Vtoraya mirovaya voina v plenu istoricheskoi politiki." *Zerkalo Nedeli*, May 8, 2018.

Rislakki, Jukka. *The Case for Latvia: Disinformation Campaigns against a Small Nation: Fourteen Hard Questions and Straight Answers about a Baltic Country*. New York: Rodopi, 2008.

Sherr, James, and Kaarel Kullamaa. *The Russian Orthodox Church: Faith, Power and Conquest*. Tallinn: International Centre for Defence and Security, 2019.

Shkarovskii, Mikhail. V. *Russkaya pravoslavnaya tserkov' pri Staline i Khrushcheve (gosudarstvenno-tserkovnye otnosheniya v SSSR V 1939–1964 godakh).* Moscow: Izdatel'stvo Krutitskogo podvor'ya, 1999.

Sokolov, Boris. V. "The Role of Lend-lease in Soviet Military Efforts, 1941–1945." *The Journal of Slavic Military Studies* 7, no. 3 (1994).

Umland, Andreas. "Aleksandr Dugin's Transformation from a Lunatic Fringe Figure into a Mainstream Political Publicist, 1980–1998: A Case Study in the Rise of Late and Post-Soviet Russian Fascism." *Journal of Eurasian Studies* 1, no. 2 (2010).

Yakubova, Larysa. *"Russkii Mir" v Ukrayini: na krayu prirvy*. Kyiv: Klio, 2018.

Yermolenko, Volodymyr, ed. *Re-Vision of History: Russian Historical Propaganda and Ukraine*. Kyiv: K.I.S., 2019.

Zaharchenko, Tanya. "Polyphonic Dichotomies: Memory and Identity in Today's Ukraine." *Demokratizatsiya* 21, no. 2 (2013).

Zhurzhenko, Tatiana. "Russia's Never-Ending War against 'Fascism': Memory Politics in the Russian-Ukrainian Conflict." Eurozine (2015).

Zinchenko, Oleksandr, Volodymyr Viatrovych, and Maksym Maiorov, eds. *The War and Myth: Unknown WWII, 1939-1945*. Kyiv: Ukrainian Institute of National Remembrance, 2018.

チャールズ・クローヴァー著、越智道雄訳『ユーラシアニズム——ロシア新

Laity, Mark. "NATO and the Power of Narrative." In *Information at War: From China's Three Warfares to NATO's Narratives*. London: Legatum Institute, 2015.
Levitsky, Steven, and Lucan A. Way. *Competitive Authoritarianism: Hybrid Regimes after the Cold War*. Cambridge: Cambridge University Press, 2010.
Linvill, Darren L. and Patrick L. Warren, "Troll Factories: Manufacturing Specialized Disinformation on Twitter." *Political Communication* 37, no. 4 (2020).
Pomerantsev, Peter. *Nothing is True and Everything is Possible: The Surreal Heart of the New Russia*. New York: PublicAffairs, 2015.
Popovych, Nataliya, Oleksiy Makukhin, Liubov Tsybulska, and Ruslan Kavatsiuk. "Image of European Countries on Russian TV." Estonian Center of Eastern Partnership & Ukraine Crisis Media Center, May 2018.
Pynnöniemi, Katri, and András Rácz, eds. *Fog of Falsehood: Russian Strategy of Deception and the Conflict in Ukraine*. Helsinki: The Finnish Institute of International Affairs, 2016.
Soldatov, Andrei, and Irina Borogan. *The Red Web: The Struggle Between Russia's Digital Dictators and the New Online Revolutionaries*. New York: PublicAffairs, 2015.
Spiessens, Anneleen, and Piet Van Poucke. "Translating News Discourse on the Crimean Crisis: Patterns of Reframing on the Russian Website InoSMI." *The Translator* 22, no. 3 (2016).
Wilson, Andrew. *Virtual Politics: Faking Democracy in the Post-Soviet World*. New Haven: Yale University Press, 2005.
ティモシー・スナイダー著、池田年穂訳『自由なき世界――フェイクデモクラシーと新たなファシズム　下』慶應義塾大学出版会、2020年。
保坂三四郎「ロシアメディアはウクライナをどう報道したか：介入を支持する世論はこう作られた」『中央公論』、2014年8月号。

【第５章　共産主義に代わるチェキストの世界観】

Adamsky, Dima. *Russian Nuclear Orthodoxy: Religion, Politics, and Strategy*. Stanford: Stanford University Press, 2019.
Armes, Keith. "Chekists in Cassocks: The Orthodox Church and the KGB." *Demokratizatsiya* 1, no. 4 (1992).
Dunlop, John B. "Aleksandr Dugin's Foundations of Geopolitics." *Demokratizatsiya* 12, no. 1 (2004).
Edele, Mark. "Fighting Russia's History Wars: Vladimir Putin and the Codification of World War II." *History and Memory* 29, no. 2 (2017).

1987.
Shultz, Richard H, and Roy Godson. *Dezinformatsia: Active Measures in Soviet Strategy*. Washington D.C.: Pregamon – Brassey's, 1984.
"Soviet Active Measures in the 'Post-Cold War' Era 1988-1991." Washington, D.C.: United States Information Agency, 1992.
"Soviet Influence Activities: A Report on Active Measures and Propaganda, 1986-87." Washington, D.C.: United States Department of State, 1987.
Thomas, Timothy L. *Kremlin Kontrol: Russia's Political-Military Reality*. Foreign Military Studies Office, 2017.
Vendil Pallin, Corolina, and Susanne Oxenstierna. "Russian Think Tanks and Soft Power." Swedish Defence Research Agency, 2017.
保坂三四郎「ロシアが展開する目に見えないハイブリッド戦争：偽情報、偽装団体……。日本にも迫る『アクティブ・メジャーズ』」『中央公論』、2018年7月号。
保坂三四郎「世界を欺くロシア情報機関：米国HIV製造説、JFK暗殺CIA説から読み解くフェイクニュース作戦」『中央公論』、2021年5月号。

【第4章　メディアと政治技術】

Asmus, Ronald D. *A Little War That Shook the World: Georgia, Russia, and the Future of the West*. New York: Palgrave Macmillan, 2010.
Babak, Artem, Tetiana Matychak, Vitaliy Moroz, Martha Puhach, Ruslan Minich, Vitaliy Rybak, and Volodymyr Yermolenko. *Words and Wars: Ukraine Facing Kremlin Propaganda*. Kyiv: Internews Ukraine, 2017.
Chotikul, Diane. "The Soviet Theory of Reflexive Control in Historical and Psychocultural Perspective: A Preliminary Study." Naval Postgraduate School Monterey CA, 1986.
Darczewska, Jolanta. *The Anatomy of Russian Information Warfare: The Crimean Operation, A Case Study*. Warsaw: Centre for Eastern Studies, 2014.
Darczewska, Jolanta, and Piotr Żochowski. *Russophobia in the Kremlin's Strategy: A Weapon of Mass Destruction.* Warsaw: Centre for Eastern Studies, 2015.
Fedor, Julie, and Rolf Fredheim. "'We Need More Clips about Putin, and Lots of Them:' Russia's State-Commissioned Online Visual Culture." *Nationalities Papers* 45, no. 2 (2017).
Gallacher, John D, and Marc W. Heerdink. "Measuring the Effect of Russian Internet Research Agency Information Operations in Online Conversations." *Defence Strategic Communications* 6 (2019).
Goode, J. Paul. "Redefining Russia: Hybrid Regimes, Fieldwork, and Russian Politics." *Perspectives on Politics* 8, no. 4 (2010).

保坂三四郎「史料紹介：ウクライナのKGBアーカイブ——公開の背景とその魅力」『ロシア史研究』105号、2021年。

【第3章　戦術・手法】

"Active Measures: A Report on the Substance and Process of Anti-U.S. Disinformation and Propaganda Campaigns." Washington, D.C.: United States Department of State, 1986.

Andrew, Christopher, and Oleg Gordievsky. *KGB: The Inside Story of Its Foreign Operations From Lenin to Gorbachev*. London: Hodder & Stoughton, 1990.

Andrew, Christopher, and Vasili Mitrokhin. *The World Was Going Our Way: The KGB and the Battle for the Third World.* New York: Basic Books, 2005.

Bittman, Ladislav. *The KGB and Soviet Disinformation: An Insider's View*. Washington: Pergamon-Brassey's, 1985.

Boghardt, Thomas. "Soviet Bloc Intelligence and Its AIDS Disinformation Campaign." *Studies in Intelligence* 53, no. 4 (2009).

Earley, Pete. *Comrade J: The Untold Secrets of Russia's Master Spy in America After the End of the Cold War*. New York: Berkley Books, 2007.

Hill, Fiona, and Clifford G. Gaddy. *Mr. Putin: Operative in the Kremlin*. Washington, D.C.: Brookings Institution Press, 2015.

Hosaka, Sanshiro. "Cold War Active Measures." In *Routledge Handbook of Disinformation and National Security*. Routledge, forthcoming.

Kofman, Michael. "Putin's Strategy Is Far Better than You Think." *War on the Rocks*, September 7, 2015.

Kux, Dennis. "Soviet Active Measures and Disinformation: Overview and Assessment." *Parameters* 15, no. 1 (1985).

Ledeneva, Alena V. *How Russia Really Works: The Informal Practices That Shaped Post-Soviet Politics and Business*. Ithaca, NY: Cornell University Press, 2006.

Polyakova, Alina, Marlene Laruelle, Stefan Meister, and Neil Barnett, "The Kremlin's Trojan Horses: Russian Influence in France, Germany, and the United Kingdom." Atlantic Council, November 15, 2016.

Pomerantsev, Peter, and Michael Weiss. *The Menace of Unreality: How the Kremlin Weaponizes Information, Culture and Money.* New York: The Interpreter and the Institute of Modern Russia, 2014.

"Private Military Companies in Russia: Carrying Out Criminal Orders of the Kremlin." InformNapalm, August 2017.

Rid, Thomas. *Active Measures: The Secret History of Disinformation and Political Warfare*. New York: Farrar, Straus and Giroux, 2020.

Sherr, James. *Soviet Power: The Continuing Challenge*. Basingstroke: Macmillan,

Westview Press, 1994.

【第２章　体制転換】

Albats, Yevgenia. *The State Within a State: The KGB and Its Hold on Russia –Past, Present, and Future*. New York: Farrar, Straus, and Giroux, 1994.

Bakatin, Vadim. *Izbavlenie ot KGB*. Moskva: Novosti, 1992.

Belton, Catherine. *Putin's People: How the KGB Took Back Russia and Then Took on the West*. New York: Farrar, Straus and Giroux, 2020.

Dawisha, Karen. *Putin's Kleptocracy: Who Owns Russia?* New York: Simon & Schuster, 2014.

Fedor, Julie. *Russia and the Cult of State Security: The Chekist Tradition, From Lenin to Putin.* London: Routledge, 2011.

Felshtinsky, Yuri, and Vladimir Pribylovsky. *Korporatsiya: Rossiya i KGB vo vremena prezidenta Putina*. Samizdat, 2010.

Hosaka, Sanshiro. "Repeating History: Soviet Offensive Counterintelligence Active Measures." *International Journal of Intelligence and CounterIntelligence* 35, no. 3（2022）.

Hosaka, Sanshiro. "Chekists Penetrate the Transition Economy: The KGB's Self-Reforms during Perestroika." *Problems of Post-Communism*（2022）.

Hosaka, Sanshiro. "Perestroika of the KGB: Chekists Penetrate Politics." *International Journal of Intelligence and CounterIntelligence*（2022）.

Hosaka, Sanshiro. "The KGB and Glasnost: A Contradiction in Terms?" *Demokratizatsiya* 31, no.1（2023）.

Hosaka, Sanshiro. "Unfinished Business: 1991 as the End of the CPSU but Not of the KGB." *Demokratizatsiya* 30, no. 4（2022）.

Isakova, Liliya, ed. *KGB: vchere, segoclnya zavtra–VIII mezhdunarodnaya konferentsiya, 24-25 nayabrya 2000 goda.* Moscow: Fond podderzhki glasnosti i zashchity prav cheloveka «Glasnost'», 2001.

Knight, Amy. "The Fate of the KGB Archives." *Slavic Review* 52, no. 3（1993）.

Marten, Kimberly. "The 'KGB State' and Russian Political and Foreign Policy Culture." *The Journal of Slavic Military Studies* 30, no. 2（2017）.

Sherr, James. "The New Russian Intelligence Empire." *Problems of Post-Communism* 42, no. 6（1995）.

Soldatov, Andrei, and Irina Borogan. *The New Nobility: The Restoration of Russia's Security State and the Enduring Legacy of the KGB*. New York: PublicAffairs, 2010.

Waller, Michael J. "Russia: Death and Resurrection of the KGB." *Demokratizatsiya* 12, no. 3（2004）.

主要参考文献

本文の執筆にあたって参考にした文献・ウェブサイトのうち、主要なものを掲載する。複数の章で参考にしたものは特に関係する章でのみ言及する。

【第１章　歴史・組織・要員】

Andrew, Christopher, and Vasili Mitrokhin. *The Sword and the Shield: The Mitrokhin Archive and the Secret History of the KGB.* New York: Basic Books, 1999.

Barron, John. *KGB: The Secret Work of Soviet Secret Agents.* New York: Bantam Books, 1974.

Barron, John. *KGB Today: The Hidden Hand.* London: Hodder and Stoughton, 1984.

Dziak, John J. *Chekisty: A History of the KGB.* Lexington, MA: Lexington Book, 1988.

Knight, Amy W. *The KGB: Police and Politics in the Soviet Union.* Boston: Unwin Hyman, 1990.

Kokurin, Aleksandr I. and Nikita V. Petrov, eds., *Lubyanka: Organy VChK-OGPU-NKVD-NKGB-MGB-MVD-KGB, 1917-1991: Spravochnik.* Moscow: Mezhdunarodnyi fond "Demokratiya," 2003.

Lezina, Evgeniya. *XX vek: prorabotka proshlogo: praktiki perekhodnogo pravosudiya i politika pamyati v byvshikh diktaturakh. Germaniya, Rossiya, strany Tsentral'noi i Vostochnoi Evropy.* Moscow: NLO, 2021.

Mozokhin, Oleg B. ed., *Politbyuro i organy gosudarstvennoi bezopasnosti: sbornik dokumentov.* Moscow: Kuchkovo pole, 2017.

Myagkov, Aleksei. *Inside the KGB.* New York: Ballantine Books, 1981.

Oznobkina, Elena. V., and Liliya Isakova, eds. *KGB: Vchera, Segodnya, Zavtra* (*Sbornik Dokladov*). Moscow: Gendal'f, 1993.

Riehle, Kevin P. *Russian Intelligence: A Case-Based Study of Russian Services and Missions Past and Present.* Bethesda, MD: National Intelligence Press, 2022.

Sherr, James. *Hard Diplomacy and Soft Coercion: Russia's Influence Abroad.* Brookings Institution Press, 2013.

Soldatov, Andrei, and Irina Borogan. *The Compatriots: The Brutal and Chaotic History of Russia's Exiles, Emigrés, and Agents Abroad.* New York: PublicAffairs, 2019.

Waller, Michael J. *Secret Empire: The KGB in Russia Today.* Boulder, CO:

アナトリー・トルクノフ	1992年から30年以上にわたりモスクワ国際関係大学（MGIMO）の学長。同大はSVRと関係深く、外交官カバーの諜報員を養成。
セルゲイ・カラガノフ	外交防衛政策評議会名誉理事長。「同胞」を利用して「近い外国」への影響を拡大する政策を提唱。
ドミトリー・トレーニン	カーネギー・モスクワセンター所長（2008～22）。GRU大佐。1990年代に米国が立ち上げたカーネギー・モスクワセンターを乗っ取る。
フョードル・ルキヤノフ	『グローバル政治におけるロシア』誌編集長（2002～）。ヴァルダイ討論クラブ研究部長。欧米の学者を手玉にとるスピンドクター。
ドミトリー・サイムス	米国の外交専門誌『ナショナル・インタレスト』発行人。（1994～2022）。2016年米国大統領選での親露ロビー活動が暴露される。
メディア・政治技術	
グレブ・パヴロフスキー	政治技術者の先駆者。「効率政治財団」を設立。メディア・世論操作によって、エリツィン、プーチンの選挙戦を支援。2023年2月死去。
アレクセイ・チェスナコフ	政治技術者。政治動向センター所長。国内有権者や外国メディアに対する操作だけでなく、スルコフ大統領補佐官のブレーンとして対ウクライナ偽情報作戦に参加。
ドミトリー・キセリョフ	「ロシア・セヴォードニャ」社長。テレビ・プロパガンダの象徴的存在。「ロシアは米国を核の灰と化すことができる」など過激な発言で知られる。
マルガリータ・シモニャン	国際放送RT編集長。西側との「情報戦」でのオルタナティブ・プロパガンダの急先鋒。
アレクセイ・ヴェネディクトフ	「モスクワのこだま」編集長。「リベラル」の顔を利用してクレムリンの繊細な工作を実行。
クセニア・サプチャク	テレビチャンネル「レイン」トークショー司会者。2018年大統領選で「反プーチン」技術候補として出馬。
ドミトリー・ムラートフ	ノーヴァヤ・ガゼータ紙編集長。プーチン個人への批判を和らげるモデレータ的役割。2021年、ノーベル平和賞を受賞。

本文中で使用した写真のうち、以下はロシア大統領府（www.kremlin.ru）で公開されているものを使用した。
2章：セルゲイ・イワノフ、ニコライ・パトルシェフ、4章：ウラジスラフ・スルコフ、ドミトリー・メドベージェフ

アルカディ・ローテンベルク	プーチンの柔道の稽古相手。所有する建設会社は違法なクリミア大橋の建設に従事。
ユーリー・コヴァリチューク	反プーチン・メディアを接収。1996年、プーチン、ヤクーニンらと協同組合「オーゼロ」を立ち上げ。
ゲンナージー・ペトロフ	プーチン、FSBと関係の深いタンボフ・マフィアのリーダー。2008年、スペインで逮捕。10年の保釈後にロシアに逃亡。
ミハイル・フリードマン	アルファ・グループ（銀行）共同創始者。クレムリンと結託し、財界に君臨。2019年のロンドン在住者長者番付1位。
ピョートル・アーヴェン	アルファ銀行総裁・理事長（1994〜）。対外経済大臣（92年）時に、サンクトペテルブルク副市長だったプーチンの犯罪隠蔽に協力。
ロマン・アブラモヴィチ	英チェルシーFCオーナー。ビジネスパートナーのベレゾフスキーを裏切り、プーチンに忠誠を誓う。
コンスタンチン・マロフェエフ	ロシア正教会の活動を支援する「正教会オリガルヒ」。2014年、ウクライナ東部の非正規部隊に自身の投資会社のカバーを提供。
エフゲニー・プリゴジン	「プーチンのシェフ」。所有する「トロール工場」は2016年の米国大統領選に介入。「民間軍事会社ワグナー」はウクライナ、シリア等に展開。
ヴィクトル・ヴェクセルベルク	イノベーションセンター「スコルコボ」基金総裁（2010〜）。慈善財団を通じて欧米の大学やシンクタンクに浸透。
思想・文化・シンクタンク	
アレクサンドル・ドゥーギン	1997年、『地政学の基礎』発表。ロシアのシロビキに影響を与えたネオ・ファシズム思想家。
ヴャチェスラフ・ニコノフ	「ロシア世界」基金会長（2007〜21）。独ソ密約を結んだソ連外相モロトフの孫。KGB改革に失敗したバカチンKGB議長の補佐官を務めた。
ヴァシリー・ヤケメンコ	愛国若者組織「ナーシ」の代表（2005〜07）。ロシア青少年庁長官（2008〜12）。若者を使ってロシアのソーシャルメディアを操作。
ウラジーミル・メジンスキー	文化相（2012〜20）、ロシア軍事史協会会長（2012〜）。論文剽窃疑惑で有名。2022年、ウクライナとの停戦交渉のロシア側団長。

ヴィクトル・ズプコフ	首相を経てガスプロム会長（2008〜）。サンクトペテルブルク時代、プーチンの右腕としてビジネスマンのコンプロマット（醜聞）を収集。
ゲルマン・グレフ	経済発展貿易相を経て、ズベルバンクCEO（2007〜）。欧米に対しては「リベラル」の顔だが、海外に莫大な隠し資産を持つ。
セルゲイ・ナルイシキン	大統領府長官、国家院議長を経てSVR長官（2016〜）。歴史好きで知られ、特に偽国籍の諜報員「イリーガル」の業績発掘に余念がない。
その他の重要な政治家	
エフゲニー・プリマコフ	ソ連時代に世界経済国際関係研究所所長、KGBエージェント。エリツィン期にSVR長官、外相、首相を歴任。2015年死去。孫エフゲニーは連邦交流庁長官（2020〜）。
セルゲイ・ステパーシン	ロシア保安省次官、連邦防諜庁長官、初代FSB長官、首相を歴任。第一次チェチェン戦争の主戦論者。リベラル政党ヤブロコへ浸透を試みる。
ウラジーミル・ジリノフスキー	体制内野党のロシア自由民主党を率いた。1980年代末、KGBの指示で民主勢力へ浸透を試みる。2022年死去。
ミハイル・フラトコフ	ロシア戦略研究所所長（2017〜）。ソ連対外貿易委員会出身。首相、SVR長官を歴任。
ウラジスラフ・スルコフ	「主権民主主義」を提唱。GRU出身。内政担当大統領府副長官を経て、大統領補佐官（2013〜20）として対ウクライナ工作活動を統括。
セルゲイ・グラジエフ	ユーラシア統合担当大統領顧問（2012〜19）。プーチンの帝国主義的「エゴ」を代弁。2013年まで対ウクライナ工作活動の責任者。
アレクセイ・グローモフ	メディア担当大統領府副長官（2008〜）。「テレビの番人」として主要メディアに「テーマ集」に基づいた報道を指示。
セルゲイ・キリエンコ	内政担当大統領府第一副長官（2016〜）。1990年代はボリス・ネムツォフらとリベラル「右派連合」に参加。2022年から、ウクライナの占領地管理を担当。
オリガルヒ（新興財閥）・マフィア	
ゲンナージー・ティムチェンコ	対外貿易省出身チェキスト。ノヴァテク社の大株主。サンクトペテルブルクに柔道クラブを立ち上げる。

フィリップ・ボブコフ	KGB第五局長を経てKGB第一副議長（1983～91）。「反体制派ハンター」との異名をとる。
ヴァジム・バカチン	ソ連崩壊前の最後のKGB議長（1991）。元内相。KGBの民主化改革に失敗。
ボリス・エリツィン	モスクワ市党委員会第一書記、ロシア共和国最高会議議長等を経て、初代ロシア大統領（1991～99）。
レニングラード組（プーチンとレニングラード時代から交流がある者）	
ウラジーミル・プーチン	ロシアの最高権力者。KGB職員、サンクトペテルブルク市副市長、FSB長官、首相を経て大統領（2000～08、12～）。KGB時代は、東独で勤務したこともあるが、主にレニングラード局で反体制派の取り締まりに従事。
ニコライ・パトルシェフ	ロシア連邦カレリア共和国保安相、FSB長官等を経て安全保障会議書記（2008～）。プーチンに最も近い。陰謀論的世界観を持つ。
セルゲイ・イワノフ	FSB副長官、安全保障会議書記、国防相、大統領府長官を経てロステレコム会長（2015～）。2000年代にはプーチンの最有力後継者と噂された。
ヴィクトル・チェルケソフ	FSB第一副長官、北西連邦管区大統領全権代表、麻薬取締庁長官を歴任。FSB時代は環境保護活動家を監視。
ヴィクトル・イワノフ	FSB経済保安局長、大統領府副長官、麻薬取締庁長官を歴任。サンクトペテルブルクでタンボフ・マフィアの利権獲得を支援。
アレクサンドル・ボルトニコフ	FSBサンクトペテルブルク局長、経済保安局長を経て、FSB長官（2008～）。
イーゴリ・セーチン	ロスネフチ会長（2004～）。ソ連時代モザンビークで通訳。プーチン副市長のカバン持ちへ。FSBの「第六課」（特命犯罪捜査）を陰で牛耳る。
ウラジーミル・ヤクーニン	「正教会チェキスト」。ソ連対外貿易委員会出身。ロシア鉄道社長（2005～15）。NGO「文明の対話」を通し、欧州の白系ロシア人の子孫と関係が深い。
ドミトリー・コザク	副首相、大統領府副長官等を歴任。過去にモルドバの分割統治を提案。GRU出身。
ドミトリー・メドベージェフ	国家安全保障会議副議長（2020～）。20代のサンクトペテルブルク市役所勤務時代に上司プーチンに感化された。08～12年、プーチンに代わり大統領職務を遂行。

関連人物一覧

本書に登場する重要人物。分類は便宜的なものである。

ソ連共産党・KGB	
ウラジーミル・レーニン	初代ソ連最高指導者（1917～24）。1917年、十月革命により共産党（ボリシェヴィキ）の一党独裁体制を確立。
フェリクス・ジェルジンスキー	反革命・サボタージュ取締全ロシア非常委員会（チェーカー）の初代議長、ソ連保安機関を指揮（1917～26）。「チェキズムの父」。
ヨシフ・スターリン	ソ連最高指導者（1922～53）。内務人民委員部を私物化し、処刑者80万人を超える大粛清を主導。
レフ・トロツキー	ソ連赤軍を創設。1927年、党除名。40年、亡命先メキシコで暗殺。
ゲンリフ・ヤゴーダ	内務人民委員（1934～36）。スターリンの政敵を粛清。1938年、処刑。
ニコライ・エジョフ	内務人民委員（1936～38）。大粛清「エジョフシチナ」で知られる。40年、処刑。
ラヴレンチー・ベリヤ	内務人民委員（1938～45）。スターリン死後に実権を短期間握るが、53年、フルシチョフのクーデターで失脚、処刑。
ニキータ・フルシチョフ	ソ連共産党第一書記（1953～64）。56年、スターリン批判を行う。
イヴァン・セーロフ	初代KGB議長（1954～58）。1956年、ブダペストに乗り込み、ハンガリー動乱の弾圧を指揮。
アレクサンドル・シェレーピン	KGB議長（1958～61）。コムソモール出身。チェキストと「人民とのつながり」などKGBのイメージ改善に努力。
レオニード・ブレジネフ	ソ連共産党第一書記・書記長（1964～1982）。「停滞」の時代を象徴。
ユーリー・アンドロポフ	KGB議長（1967～82）、ソ連共産党書記長（1982～84）。56年、ソ連大使としてハンガリー動乱を経験。プーチンのロールモデル。
ヴィクトル・チェブリコフ	KGB議長（1982～88）。チェキストの「ペレストロイカ」推進。ソ連崩壊後、FSB長官顧問を務める。
ミハイル・ゴルバチョフ	ソ連共産党書記長・ソ連大統領（1985～91）。86年、「ペレストロイカ」提唱。
ウラジーミル・クリュチコフ	KGB第一総局長を経てKGB議長（1988～91）。91年、八月クーデター首謀者として逮捕。94年、恩赦で釈放。

2014	7	ロシア軍、ウクライナ・ドネツク州上空でマレーシア航空機を撃墜。
	8	ロシア、大規模な正規軍をウクライナ東部に投入。イロヴァイスク包囲戦。
	9	欧州安全保障協力機構（OSCE）、ウクライナ、ロシア関係者、ミンスク議定書に署名。
2015	2	ロシア、デバリツェヴェに大規模攻撃。ノルマンディー首脳会合で関係者が、ミンスクIIに署名。
	9	ロシア、アサド政権支援のためシリア反体制派等への空爆開始。
	11	世界反ドーピング機関（WADA）、FSBが関与したロシア選手の大規模ドーピング違反に関する報告書を発表。
2016	7	全ロシア児童青年軍事愛国社会運動「ユナルミヤ」創設。
2017	1	米国、ロシア軍参謀本部情報総局（GRU）やトロールによる米国大統領選への介入に関する報告書を公表。
	10	ソチで、第19回世界青年学生祭典開催。
2018	3	GRU、英国でセルゲイ・スクリパリ元GRU大佐に対する化学兵器ノビチョクによる暗殺未遂事件を起こす。
		ロシア大統領選、プーチンが再選。
	6-7	ロシアでFIFAワールドカップ開催。
	11	ケルチ海峡でFSB国境警備隊がウクライナ海軍艦艇を攻撃し、拿捕。
2019	4	プーチン、占領地のウクライナ人へのロシア国籍付与手続きを簡素化。
		ウクライナ大統領選でヴォロディミル・ゼレンスキーが勝利。
2020	8	FSB、ナワリヌイをノビチョクで暗殺未遂。
2021	6	ロシア軍、ウクライナとの国境周辺に部隊集中。ジュネーブで米露首脳会談。
	7	プーチン、論文「ロシア人とウクライナ人の歴史的一体性」を発表。
	12	ロシア最高裁、人権団体「メモリアル・インターナショナル」に閉鎖命令。
2022	2	ロシア、ウクライナへの全面侵攻開始。

関連年表

2004	11	ウクライナで「オレンジ革命」。
2005	3	親クレムリン青年組織「ナーシ」設立。
	4	海外向け国営放送「ロシア・トゥデイ」開局。
		プーチン、年次教書演説でソ連崩壊を「20世紀最大の地政的惨事」と呼ぶ。
2006	4	スルコフ大統領府副長官、「主権民主主義」を提唱。
	10	チェチェン戦争を批判した記者アンナ・ポリトコフスカヤ、殺害される。
	11	元FSB将校アレクサンドル・リトヴィネンコ、亡命先のロンドンでFSBにより暗殺される。
2007	2	ミュンヘン安全保障会議で、プーチンは米国一極主義を批判。
	4	ロシア、エストニアに対し大規模攻撃なサイバー攻撃。
	6	「ロシア世界」基金創設。
2008	4	プーチン、NATOブカレスト首脳会合で、ウクライナは「人工的に作られた国」という持論を展開。
	5	メドベージェフ、大統領に就任。プーチンを首相に任命。
	8	ロシア・ジョージア戦争。
2009	5	メドベージェフ、反ロシア的歴史歪曲防止委員会を設置。
	11	プーチン、陸海空軍支援ボランティア協会（DOSAAF）を復活。
2012	5	プーチン、大統領に復帰。
	7	外国エージェント法制定。
2013	1	プーチン、ウクライナに対するアクティブメジャーズ「包括措置」を始動。
	7	キーウ・ルーシ洗礼1025周年記念祭で、プーチン、キリル総主教がキーウ訪問。
		ロシア、ウクライナ製品の輸入を制限する「貿易戦争」開始。
	11	ウクライナで、ヤヌコーヴィチ政権がEU連合協定への署名を棚上げしたことへの抗議運動「ユーロマイダン」始まる。
	12	国策メディア企業「ロシア・セヴォードニャ」創設。
2014	2	ロシアでソチ五輪を開催。
		ウクライナで「尊厳革命」。ヤヌコーヴィチ大統領、ロシアに逃亡。
	3	ロシア、クリミアを違法に併合。また、ウクライナ東部に工作員や非正規部隊を派遣。

1990	12	クリュチコフKGB議長、商業組織の立ち上げを指示。
1991	5	ゴルバチョフ・ソ連大統領、「国家保安機関に関する法」に署名・発効。
	8	クリュチコフKGB議長らによるクーデターが失敗。
		エリツィン・ロシア共和国大統領、党・KGBアーカイブをロシアのアーカイブ組織に移転する大統領令に署名。
		ゴルバチョフ大統領、バカチン元内相をKGB議長に任命。
	12	独立国家共同体（CIS）創設。ソ連崩壊。
1992	1	ロシア保安省設置。
		サンクトペテルブルク市議会で、プーチン同市対外関係委員長の食糧問題をめぐる不正を追及。
	2	ロシア最高会議「ポノマリョフ委員会」、八月クーデターでのKGBの責任を追及。
1993	10	セルゲイ・グリゴリヤンツ、国際会議「KGBの過去、現在、未来」開催。
	12	保安省、連邦防諜庁（FSK）に改組。
1994	12	ロシア軍、チェチェン侵攻（第一次チェチェン戦争。96年8月停戦協定）。
1995	4	FSK、連邦保安庁（FSB）に改組。
1996	2	FSB、ロシア北方艦隊による北極海の放射能汚染問題を調査していたアレクサンドル・ニキーチン元海軍大尉を逮捕。
1997		ドゥーギン、『地政学の基礎』を発表。
1998		プーチンFSB長官、憲法体制護持・テロ対策局設置。
	11	KGB職員の公職追放を訴えたガリーナ・スタロヴォイトヴァ、暗殺される。
1999	9	FSBによるリャザン・アパート爆破未遂事件。
		ロシア軍、チェチェンを空爆、侵攻開始（第二次チェチェン戦争）。
2000	5	プーチン、大統領に就任。
	8	バレンツ海で原子力潜水艦クルスクの沈没事故。
2001	7	NTVチャンネルの事実上の国有化。
2003	10	FSB、プーチンを批判したミハイル・ホドルコフスキーを逮捕。
	11	ジョージアで「バラ革命」。
2004	3	プーチン、大統領に再選。

関連年表

1943	4	NKVDから軍防諜を分離し、スターリン直属の「スメルシ」設置。
	9	ロシア正教会は公会議を招集し、対ナチス共闘を呼びかけ。
1945	2	米英ソ首脳によるヤルタ会談。
	5	ドイツ降伏。
1946	3	NKGBが国家保安省（MGB）に改称。ソ連占領下の東欧諸国に保安機関を設置。
1953	3	スターリン死去。
1954	3	MGBに代わり、ソ連閣僚会議附属国家保安委員会（KGB）設置。セーロフが初代議長に就任。
1956	2	フルシチョフ第一書記、第20回ソ連共産党大会、秘密報告でスターリン個人崇拝を批判。
	10-11	ソ連軍、ブダペストに侵攻し、民主化運動を弾圧、傀儡政権を樹立。
1958	12	フルシチョフ、シェレーピンをKGB議長に抜擢。党によるKGB統制の強化、チェキストのイメージ改善策推進。
1959	10	KGB、ミュンヘンでウクライナ独立運動指導者ステパン・バンデラを暗殺。
1965	5	ブレジネフ第一書記、戦勝20周年記念の「ソ連人民の偉大な勝利」演説。
1967	7	アンドロポフKGB議長、第五局を設置。
1968	8	ワルシャワ条約機構軍、チェコスロバキアに侵攻。改革運動「プラハの春」を弾圧。
1979	12	ソ連、アフガニスタンに侵攻（1989年、撤退）
1985	5	ゴルバチョフ書記長、ペレストロイカ（建て直し）を提唱。
	10	KGB、米国エイズ製造説を拡散。
1986	5	KGB年次大会で、KGBのペレストロイカを議論。
1989	3-4	ソ連人民代議員大会選挙。チェキスト12名が当選。
	8	バルト三国の首都を結ぶ「バルトの道」デモ。
	11	ベルリンの壁崩壊。
	12	マルタ会談で、ブッシュ（父）米国大統領とゴルバチョフ書記長が冷戦の終結を宣言。
1990	3	ソ連共和国・地方選挙。チェキスト2756名が当選。
	9	クリュチコフKGB議長、アクティブメジャーズの活性化を呼びかけ。

関連年表

年	月	出来事
1917	11	十月革命、ボリシェヴィキ権力掌握（ユリウス暦10月）。
	12	レーニン、チェーカー創設。ジェルジンスキーを長官に任命。
1918	8	レーニン暗殺未遂、赤色テロ開始。
1921	3	戦時共産主義からネップ（新経済政策）に移行。
1922	2	チェーカーの「廃止」。国家政治局（GPU）に機能を移管。
	12	ソビエト連邦成立。
1923	11	GPU、統合国家政治局（OGPU）に改組。
1924	1	レーニン死去。
1927	12	党中央委員会、トロツキーらを共産党から除名。
1928		スターリン、急速な工業化と農村の集団化に着手。強制労働収容所ネットワーク（グラーグ）の設置開始へ。
1934	7	OGPU、国家保安総局（GUGB）に改称され、内務人民委員部（NKVD）に統合。スターリン、ヤゴーダを内務人民委員に任命。
1936	8	スターリンの政敵粛清のためのモスクワ裁判始まる。エジョフを内務人民委員に任命。ヤゴーダ粛清へ。
1938		大粛清のピーク「エジョフシチナ」。スターリン、ベリヤを内務人民委員に任命。エジョフ粛清へ。
1939	8	独ソ不可侵条約（モロトフ＝リッベントロップ協定)、東欧分割に関する秘密議定書を締結。
	9	独ソ、ポーランドに侵攻。
	11	ソ連、フィンランドに侵攻（冬戦争)。
1940	4	NKVD、ポーランド人捕虜等２万人を虐殺（カティンの森事件)。
	6-8	ソ連、リトアニア、ラトビア、エストニアを軍事占領、偽「選挙」を経てソ連に違法に併合。
	8	NKVDエージェント、メキシコでトロツキーを暗殺。
1941	6	ドイツ、不可侵条約を破ってソ連に侵攻（バルバロッサ作戦)。
	7	スターリン、ラジオ演説で「大祖国戦争」の呼びかけ。
1943	4	NKVDから国家保安人民委員部（NKGB）を分離。

保坂三四郎（ほさか・さんしろう）

1979年秋田県生まれ. 上智大学外国語学部卒業. 2002年在タジキスタン日本国大使館, 04年旧ソ連非核化協力技術事務局, 18年在ウクライナ日本国大使館などの勤務を経て, 21年より国際防衛安全保障センター（エストニア）研究員, タルトゥ大学ヨハン・シュッテ政治研究所在籍. 専門はソ連・ロシアのインテリジェンス活動, 戦略ナラティブ, 歴史的記憶, バルト地域安全保障. 17年ロシア・東欧学会研究奨励賞, 22年ウクライナ研究会研究奨励賞受賞.

論文 "Welcome to Surkov's Theater: Russian Political Technology in the Donbas War." *Nationalities Papers*, 2019

"Repeating History: Soviet Offensive Counterintelligence Active Measures." ***International Journal of Intelligence and Counter Intelligence***, 2020

"Chekists Penetrate the Transition Economy: The KGB's Self-Reforms during Perestroika." *Problems of Post-Communism*, 2022

"The KGB and Glasnost: A Contradiction in Terms?" *Demokratizatsiya: The Journal of Post-Soviet Democratization*, 2022.

諜報国家《ちょうほうこっか》ロシア
中公新書 *2760*

2023年６月25日発行

著　者　保坂三四郎
発行者　安 部 順 一

本文印刷　暁　印　刷
カバー印刷　大熊整美堂
製　　本　小 泉 製 本

発行所　中央公論新社
〒100-8152
東京都千代田区大手町1-7-1
電話　販売 03-5299-1730
　　　編集 03-5299-1830
URL https://www.chuko.co.jp/

定価はカバーに表示してあります.
落丁本・乱丁本はお手数ですが小社販売部宛にお送りください. 送料小社負担にてお取り替えいたします.

本書の無断複製（コピー）は著作権法上での例外を除き禁じられています. また, 代行業者等に依頼してスキャンやデジタル化することは, たとえ個人や家庭内の利用を目的とする場合でも著作権法違反です.

©2023 Sanshiro HOSAKA
Published by CHUOKORON-SHINSHA, INC.
Printed in Japan　ISBN978-4-12-102760-3 C1231

中公新書刊行のことば

いまからちょうど五世紀まえ、グーテンベルクが近代印刷術を発明したとき、書物の大量生産は潜在的可能性を獲得し、いまからちょうど一世紀まえ、世界のおもな文明国で義務教育制度が採用されたとき、書物の大量需要の潜在性が形成された。この二つの潜在性がはげしく現実化したのが現代である。

いまや、書物によって視野を拡大し、変りゆく世界に豊かに対応しようとする強い要求を私たちは抑えることができない。この要求にこたえる義務を、今日の書物は背負っている。だが、その義務は、たんに専門的知識の通俗化をはかることによって果たされるものでもなく、通俗的好奇心にうったえて、いたずらに発行部数の巨大さを誇ることによって果たされるものでもない。現代を真摯に生きようとする読者に、真に知るに価いする知識だけを選びだして提供すること、これが中公新書の最大の目標である。

私たちは、知識として錯覚しているものによってしばしば動かされ、裏切られる。私たちは、作為によってあたえられた知識のうえに生きることがあまりに多く、ゆるぎない事実を通して思索することがあまりにすくない。中公新書が、その一貫した特色として自らに課すものは、この事実のみの持つ無条件の説得力を発揮させることである。現代にあらたな意味を投げかけるべく待機している過去の歴史的事実もまた、中公新書によって数多く発掘されるであろう。

中公新書は、現代を自らの眼で見つめようとする、逞しい知的な読者の活力となることを欲している。

一九六二年一一月

中公新書

現代史

f3

- 2590 人類と病 詫摩佳代
- 2664 歴史修正主義 武井彩佳
- 2451 トラクターの世界史 藤原辰史
- 2666 ドイツ・ナショナリズム 今野 元
- 2368 第一次世界大戦史 飯倉 章
- 2681 リヒトホーフェン―撃墜王とその一族 森 貴史
- 27 ワイマル共和国 林 健太郎
- 478 アドルフ・ヒトラー 村瀬興雄
- 2272 ヒトラー演説 高田博行
- 1943 ホロコースト 芝 健介
- 2349 ヒトラーに抵抗した人々 對馬達雄
- 2610 ヒトラーの脱走兵 對馬達雄
- 2448 闘う文豪とナチス・ドイツ 池内 紀
- 2329 ナチスの戦争 1918-1949 R・ベッセル 大山 晶訳
- 2313 ニュルンベルク裁判 A・ヴァインケ 板橋拓己訳

- 2266 アデナウアー 板橋拓己
- 2615 物語 東ドイツの歴史 河合信晴
- 2274 スターリン 横手慎二
- 530 チャーチル（増補版） 河合秀和
- 2643 イギリス1960年代 小関 隆
- 2578 エリザベス女王 君塚直隆
- 2717 アイルランド現代史 北野 充
- 1415 フランス現代史 渡邊啓貴
- 2356 イタリア現代史 伊藤 武
- 2221 バチカン近現代史 松本佐保
- 2415 トルコ現代史 今井宏平
- 2670 サウジアラビア―「イスラーム世界の盟主」の正体 高尾賢一郎
- 2586 東アジアの論理 岡本隆司
- 2437 中国ナショナリズム 小野寺史郎
- 2600 孫基禎《ソン・ギジョン》―帝国日本の朝鮮人メダリスト 金 誠
- 2034 感染症の中国史 飯島 渉
- 2700 新疆ウイグル自治区 熊倉 潤

- 1959 韓国現代史 木村 幹
- 2602 韓国社会の現在 春木育美
- 2682 韓国愛憎 木村 幹
- 2596 インドネシア大虐殺 倉沢愛子
- 1596 ベトナム戦争 松岡 完
- 2330 チェ・ゲバラ 伊高浩昭
- 1664 1665 アメリカの20世紀（上下） 有賀夏紀
- 2626 フランクリン・ローズヴェルト 佐藤千登勢
- 2527 大統領とハリウッド 村田晃嗣
- 2479 スポーツ国家アメリカ 鈴木 透
- 2540 食の実験場アメリカ 鈴木 透
- 2504 アメリカとヨーロッパ 渡邊啓貴
- 2163 人種とスポーツ 川島浩平
- 2760 諜報国家ロシア 保坂三四郎

中公新書

政治・法律

h2

- 108 国際政治(改版) 高坂正堯
- 1686 国際政治とは何か 中西 寛
- 2190 国際秩序 細谷雄一
- 1899 国連の政治力学 北岡伸一
- 2574 戦争とは何か 多湖 淳
- 2652 戦争はいかに終結したか 千々和泰明
- 2697 戦後日本の安全保障 千々和泰明
- 2621 リベラルとは何か 田中拓道
- 2410 ポピュリズムとは何か 水島治郎
- 2207 平和主義とは何か 松元雅和
- 2576 内戦と和平 東 大作
- 2195 入門 人間の安全保障(増補版) 長 有紀枝
- 2394 難民問題 墓田 桂
- 2629 ロヒンギャ危機―「民族浄化」の真相 中西嘉宏
- 2133 文化と外交 渡辺 靖
- 113 日本の外交 入江 昭
- 1000 新・日本の外交 入江 昭
- 2402 現代日本外交史 宮城大蔵
- 2611 アメリカの政党政治 岡山 裕
- 1272 アメリカ海兵隊 野中郁次郎
- 2650 米中対立 佐橋 亮
- 2405 欧州複合危機 遠藤 乾
- 2568 中国の行動原理 益尾知佐子
- 2734 新興国は世界を変えるか 恒川惠市
- 700 戦略的思考とは何か(改版) 岡崎久彦
- 2215 戦略論の名著 野中郁次郎編著
- 721 地政学入門(改版) 曽村保信
- 2566 海の地政学 竹田いさみ
- 2722 陰謀論 秦 正樹
- 2532 シンクタンクとは何か 船橋洋一